麻线编织的时尚手提包

基础入门教程

+

丰富多样的设计

〔日〕青木惠理子 著

蒋幼幼 译

河南科学技术出版社

·郑州·

目录

从基础形状的底部开始编织的手提包

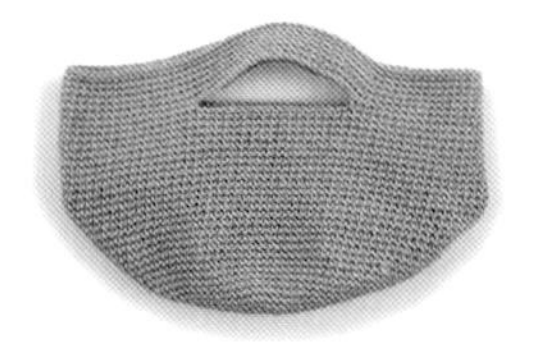

1
圆底、
短针编织的手提包
p.6 / p.48、49

2
正方形底、
变化的短针编织手提包
p.7 / p.50、51

3
椭圆形底、
拉针竖条纹花样手提包
p.8 / p.52、53

4
长方形底、
竹篮花样手提包
p.9 / p.54、55

5
加入布艺元素的手提包
p.12 / p.48、49

6
加入皮革元素的手提包
p.13 / p.50、51

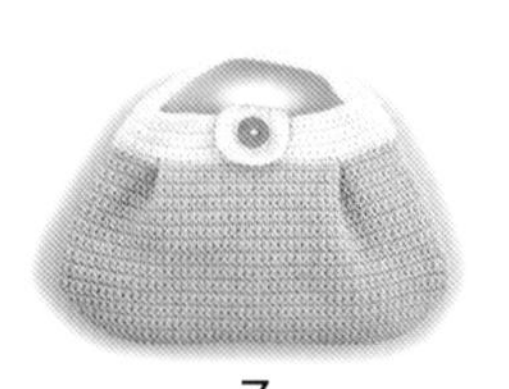

7
外工字褶设计的手提包
p.14 / p.52、53

8
内工字褶设计的手提包
p.15 / p.54、55

9
太平洋波纹手提包
p.16 / p.56

10
日本海波纹手提包
p.17 / p.57

11
锁链绣字样手提包
p.18 / p.58

12
十字绣熊猫手提包
p.19 / p.59

13
豹纹手提包
p.20 / p.60、61

14
迷彩纹手提包
p.21 / p.62、63

15
七宝纹手提包
p.22 / p.64

16
方格纹手提包
p.23 / p.65

各种形状的收纳篮和包袋

17
马尔歇包
p.28 / p.66、67

18
外出手拎包
p.29 / p.68

19
圆形花片手提包
p.30 / p.70、71

20
方形花片手提包
p.31 / p.72、73

21
两用拉链包
p.32 / p.69

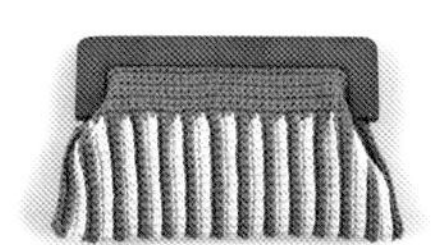
22
木质口金包
p.33 / p.74、75

23
三用正反针条纹包
p.34、35 / p.76、77

24
网格针花样手提包
p.36 / p.78

25
悬挂网兜
p.37 / p.79

26
废品筐
p.38 / p.80

27
单提手收纳篮
p.39 / p.81

28
套娃收纳盒
p.40 / p.82、83

29
非洲女孩口金包
p.41 / p.84

基础入门教程①
麻线编织的手提包由底部、侧面、提手三部分构成 p.4、5
基础入门教程②开始编织前 p.24
基础入门教程③钩针编织基础 p.42~44
基础教程 p.25~27
重点教程 p.45~47
作品的制作方法 p.48~84
各种各样的提手 p.10、11 / p.26、27，p.85~87

麻线编织的手提包由底部、侧面、提手三部分构成

比如，在圆底的基础上接着编织直筒形（无须加减针）的侧面，再加上提手，一个手提包就制作完成了。只要理解了麻线织包包的结构和制作步骤，就可以演绎出无穷的变化。通过自由的组合搭配，可以制作出各种富有创意的包包。

初次尝试用麻线编织包包的朋友也不必担心！一边制作基础的圆底手提包，一边学习整个制作流程吧。从 p.24 开始将为大做详细的解说。若是出现不懂的编织术语，请参照 p.42 的“钩针编织基础”。

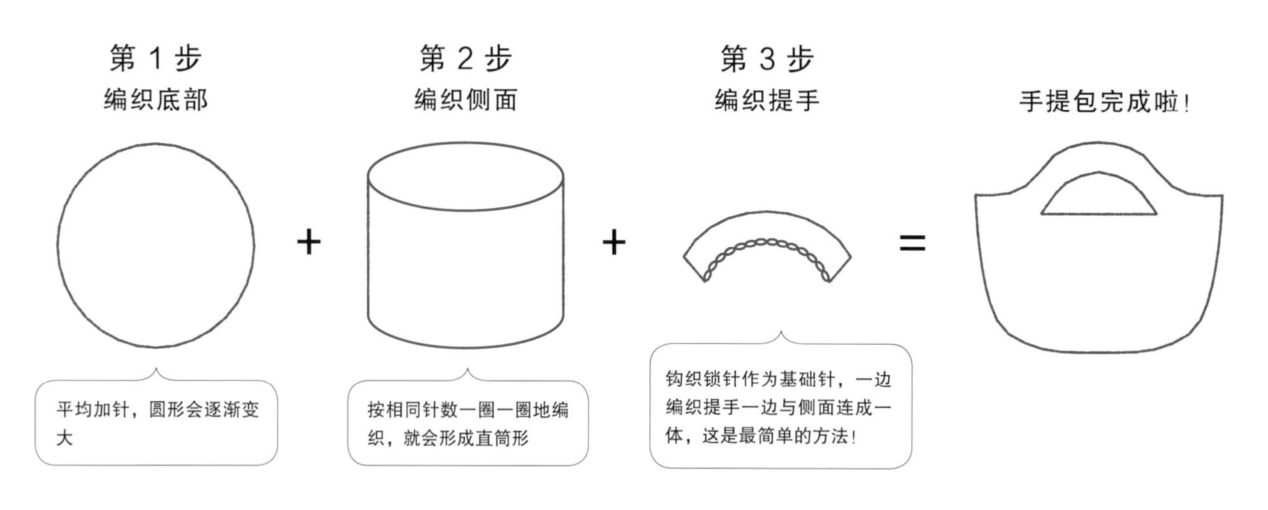

第 1 步 编织底部

底部的形状将决定包包的整体造型。本书介绍了 4 种基础形状的底部，分别从中心向外侧一边编织一边有规律地加针。因为最后一圈的针数相同，可以选择自己喜欢的形状。

【基础形状的底部】

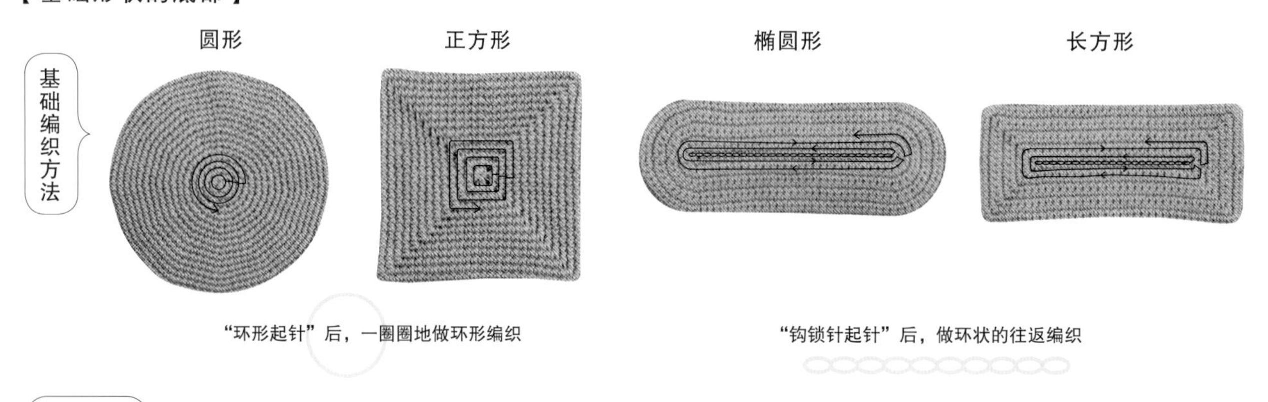

“环形起针”后，一圈圈地做环形编织

“钩锁针起针”后，做环状的往返编织

其他技法

正方形和长方形的底部也可以“钩锁针起针”后往返编织

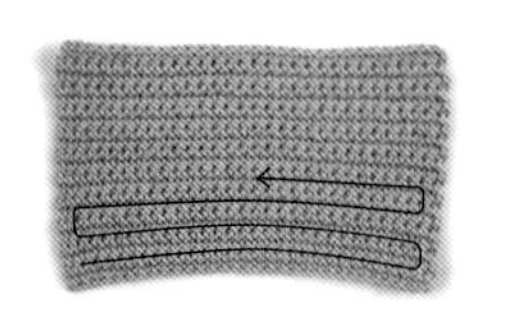

※ 针数 = 待挑取针数，行数 = 待挑取针数 +1
例如，“底部：30 针，21 行”→上下各挑取 30 针，左右各挑取 20 针 = 一共挑取 100 针

优点

- 底部编织起来更加简单。
- 不易变形。

缺点

- 开始编织侧面时，挑针会稍微麻烦一点。
- 侧面做环形编织时，底部和侧面的针目不能自然衔接。

没有底部（扁平状）

只需钩织锁针
（从锁针的两侧挑针，直接编织侧面）

第 2 步　编织侧面

使用包包时，侧面是最显眼的部分，也可以说是整个包包的“门面”。最基础的编织方法是每圈不加不减钩织相同针数的短针，也可以通过加针、减针、打褶等方法调整形状。

【侧面的形状】

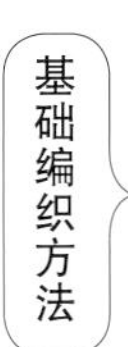

直筒形
（无须加减针 ±0）

上宽下窄
（加针 + =∀）

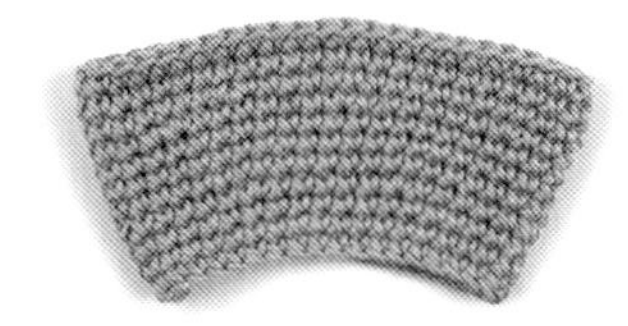

上窄下宽
（减针 - =⋀）

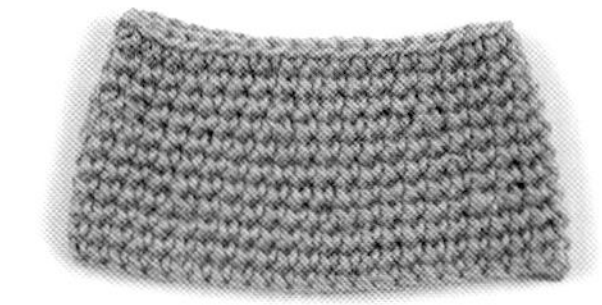

打褶
（无须加减针编织后，重叠若干针目一起挑针）

【颜色、图案】

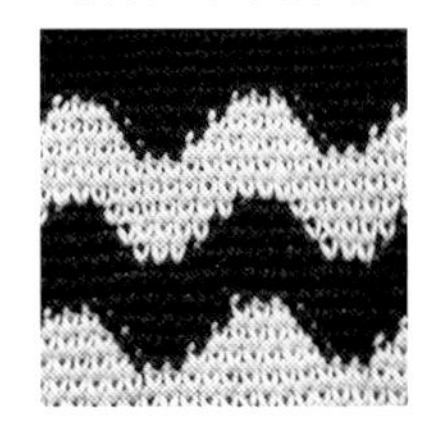

即使是最基础的短针，也能通过换色或配色呈现出纹理变化。还可以在此基础上做刺绣！

【花样】

使用短针以外的针法，可以编织出更加丰富多彩的花样。

第 3 步　编织提手

编织到提手这一步就可以松一口气了！给包包加上提手主要有 3 种方法：“直接在侧面上编织”“另线编织”“缝上不同材质的配件”。p.10、11 全部是“直接在侧面上编织”的各种提手。

【直接在侧面上编织】→详见 p.10

基础编织方法

锁针 + 环形编织

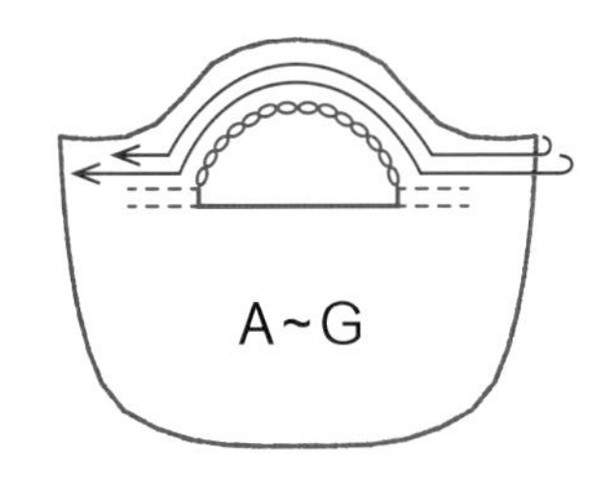

往返编织后缝合

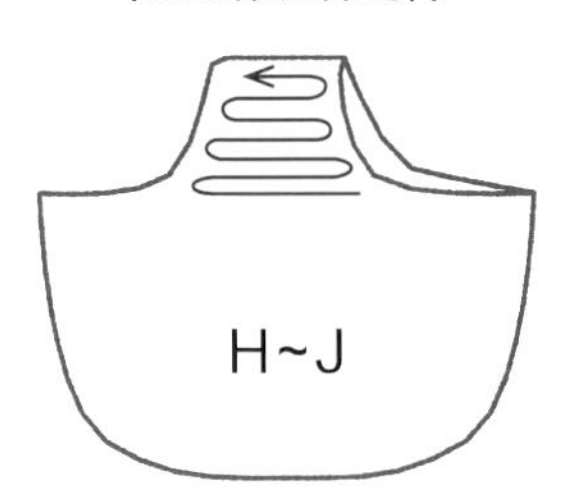

锁针 + 往返编织

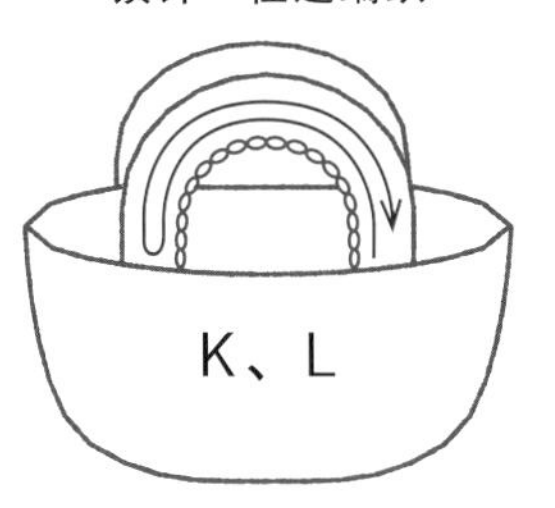

其他技法

【另线编织】 用于侧面的花样延续至最后一圈的情况。另线编织提手，最后将其拼接（或者缝）在侧面上。

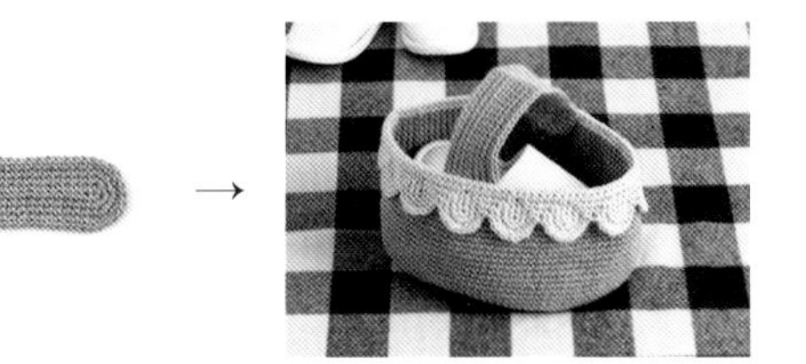

【缝上不同材质的配件】 因为提手特别容易拉伸变形，不妨使用不同材质的配件。

→

从基础形状的底部开始编织的手提包

这里介绍的包包都是从圆形、正方形、椭圆形和长方形这 4 种底部开始编织。
由于底部最后一圈的针数相同，无论哪种底部和侧面都可以随意搭配。
就像换装人偶一样，可以享受各种组合的乐趣。

1 圆底、短针编织的手提包

这是形状最简单的一款包包，
从编织起点到编织终点一气呵成。

制作方法 p.48、49（教程 p.25、26）

2 正方形底、变化的短针编织手提包

变化之处在于“从前一圈短针的根部中心挑针”。
这是仔细观察亚洲的各种篮筐后新创的一款包包。

制作方法 p.50、51（教程 p.45）

3 椭圆形底、拉针竖条纹花样手提包

运用长针的拉针呈现出了竖条纹的花样。

制作方法 p.52、53

4 长方形底、竹篮花样手提包

这是仿照北欧用白桦树皮编织的篮子纹样制作的。

制作方法 p.54、55

各种各样的提手

下面以 p.6 第 1 款手提包的侧面为基础介绍各种提手的编织方法。
侧面和提手的编织方向尽量保持统一。

A

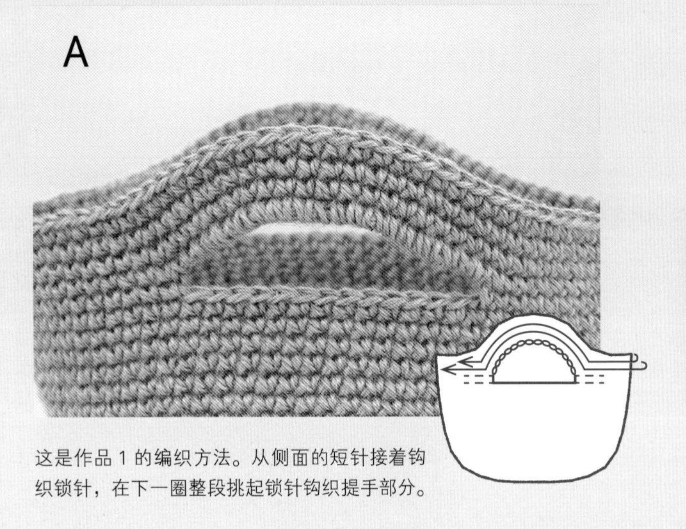

这是作品 1 的编织方法。从侧面的短针接着钩织锁针，在下一圈整段挑起锁针钩织提手部分。

B

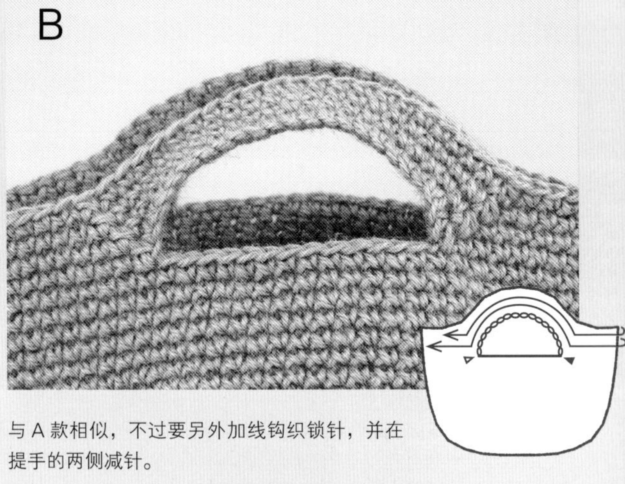

与 A 款相似，不过要另外加线钩织锁针，并在提手的两侧减针。

E

这是一款扁平的提手。钩织与侧面相同针数的锁针，在下一圈挑起锁针钩织短针。

F

这款提手更适用于室内收纳篮。用作手提包时，上面部分可以起到盖子的作用。

H

按往返编织的方法钩织提手，然后在上端进行缝合。如果编织得长一点，还可以用作单肩包。

I

按往返编织的方法在前、后侧各钩织 2 条提手，再分别缝合前侧和后侧的提手。

制作方法 p.26、27(A)，p.85~87(B~L)

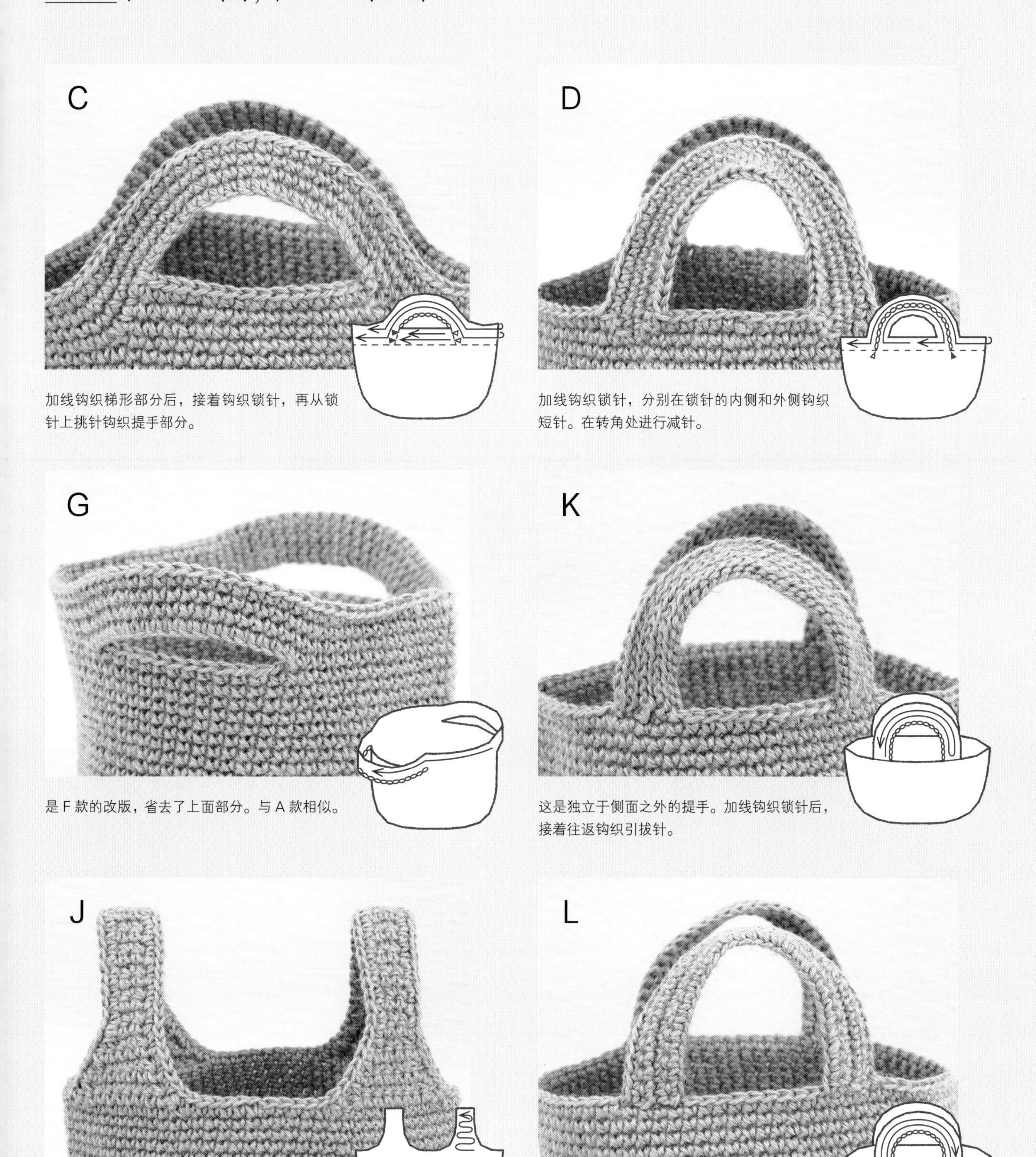

C 加线钩织梯形部分后，接着钩织锁针，再从锁针上挑针钩织提手部分。

D 加线钩织锁针，分别在锁针的内侧和外侧钩织短针。在转角处进行减针。

G 是 F 款的改版，省去了上面部分。与 A 款相似。

K 这是独立于侧面之外的提手。加线钩织锁针后，接着往返钩织引拔针。

J 按 I 款的要领钩织提手，然后分别在左侧和右侧的上端进行缝合。

L 这款提手将 K 款的引拔针改成了短针。

这两款作品尝试将不同材料缝在一起，
呈现出焕然一新的视觉效果，或者起到加固的作用。

5 加入布艺元素的手提包

推荐给擅长缝纫的朋友。
不同的布料给人的感觉也不一样。还可以用羊毛料搭配出冬日的感觉。

制作方法 p.48、49

6 加入皮革元素的手提包

用绒面革包住底部的转角和提手部分。
与不织布的使用方法相同，但看上去要简单多了。

制作方法 p.50、51

经过打褶处理后，上半部分变窄，呈收拢状态。
由于是宽底加单提手的设计，包口很容易打开，
所以加上了纽扣和子母扣。

7 外工字褶设计的手提包

双色编织的手提包令人一见便有清爽之感。
扣襻和鞣革纽扣是这款包包的亮点。

制作方法 p.52、53

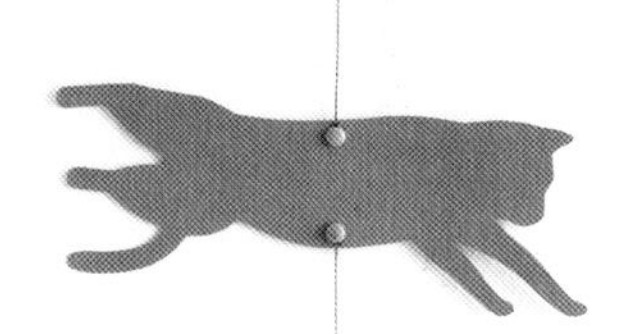

8 内工字褶设计的手提包

宽条纹的设计十分大胆。
另外在包口内侧缝上了比较大的子母扣。

制作方法 p.54、55（教程 p.47）

环形配色编织的波浪条纹花样既简单又富有视觉冲击力，
非常适合初次尝试配色编织的人。

9 太平洋波纹手提包

配色鲜明，波浪条纹柔和圆顺。

制作方法 p.56

10　日本海波纹手提包

配色稍显暗淡，波浪条纹硬朗尖锐。

制作方法 p.57

编织这两款作品的时候，恰逢熊猫宝宝出生，连日关注着它的生长情况。
音乐经常会让人想起某段时光，编织好像也是如此。
因为是往返编织，所以针目比较整齐，可以绣上各种图案。

11 锁链绣字样手提包

锁链绣用引拔针来制作，效果其实是一样的。
这里是用钩针钩织引拔针，操作起来更加快捷。

制作方法 p.58（教程 p.47）

12 十字绣熊猫手提包

由于是在往返编织的短针织物上刺绣，
十字针脚稍微有点歪斜，但是不用太在意。
又因为是用细线刺绣，浮现的图案比较轻灵。

制作方法 p.59

这两款作品是在考虑哪些花样适合环形配色编织时突然想到的。
时尚经典的图案与麻线的质感十分契合。
因为是用好几根线做配色编织，所以织物非常厚实耐用。

13 豹纹手提包

用 3 种颜色进行配色编织。
将一个个花纹编织得紧凑一点，会显得更加逼真。

制作方法 p.60、61

14 迷彩纹手提包

用 4 种颜色进行配色编织。
这款包包好像也很适合男性使用。

制作方法 p.62、63

用纵向渡线往返配色编织的方法尝试了稍微有点复杂的几何图案。
结合织物的纹理将图形相互交叉重叠，
在交集部分使用不同的颜色编织。

15 七宝纹手提包

将“圆形”和“圆形”相互交叉重叠，
编织出了类似“七宝纹”的纹样。

制作方法 p.64（教程 p.46）

16 方格纹手提包

将“四边形”和“四边形”相互交叉重叠。
与 p.22 的作品思路相同，只是改成了方格纹样。

制作方法 p.65

基础入门教程②

开始编织前

材料和工具

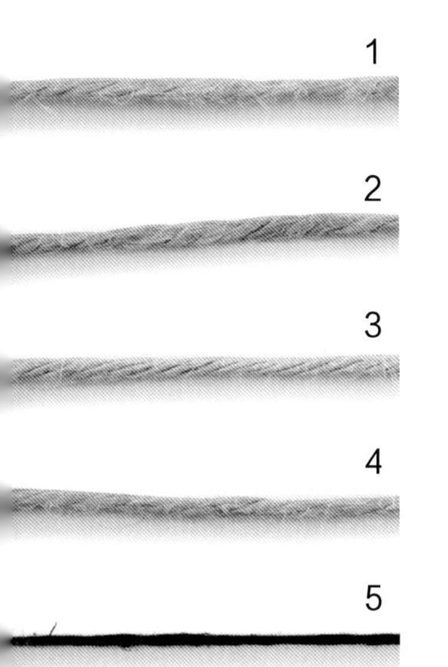

实物大小

● 线材（麻线）

原来只有打包捆扎用的麻线，但是现在很容易就能购买到各种颜色和质感的麻线。

1
KOKUYO 麻线（手工用）
黄麻（Jute）100%，全 2 色。
有 480 m/ 筒（约 750 g）和 160 m/ 筒（约 250 g）两种规格。
因为是大筒装，即使编织很大的包袋，中间也无须接线，作品更加美观。

2
DARUMA 麻线
黄麻（Jute）100%，全 14 色。
100 m/ 团（约 140 g）。
天然素材的手编线，经过加工处理后去除了黄麻的油味。

3
HAMANAKA Comacoma
黄麻（Jute）100%，全 19 色。
40 g/ 团（约 34 m）。
手工专用的松捻麻线。质地柔软、容易编织、没有黄麻特有的气味是这款线的特点。

4
MARCHENART JUTE RAMIE
黄麻（Jute）50%、苎麻 50%，全 20 色。
颜色不同、规格各异，除了 65 m/ 团（约 95 g）和 40 m/ 团（约 55 g）之外，还有小团的。
黄麻与优质苎麻混纺而成，不仅有效抑制了麻线的气味，而且手感柔软，更容易编织。

5
MARCHENART HEMP TWINE（细）
大麻 100%，纯色全 18 色。
20 m/ 卷（约 13 g）。
染色牢度高、不易褪色的麻线。
本书作品中用于做十字绣。

● 钩针

本书使用 8/0 号钩针，也可以根据自己手的松紧程度调整针号（参照 p.42）。

● 缝针

做线头处理和刺绣等操作时的必备工具。由于麻线比较粗，请选择适合粗线使用的缝针。

● 剪刀

建议使用头部尖细、比较锋利的手工专用剪刀。

● 记号扣

用来标记针目，非常方便。也可以用显眼的、粗一点的蕾丝线等代替。

工具：Clover

挂线方法和持针方法

左手（挂线方法）

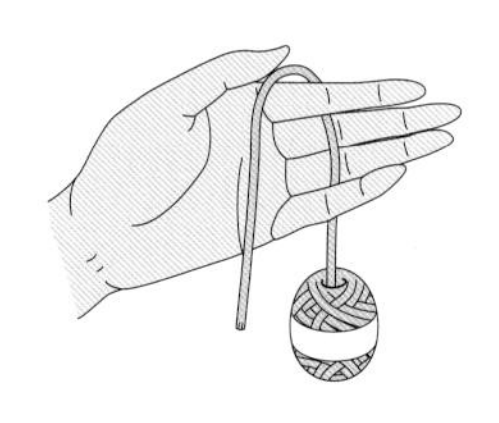

1 将线绕到中指和无名指的内侧，再将线团放在手指的外侧。

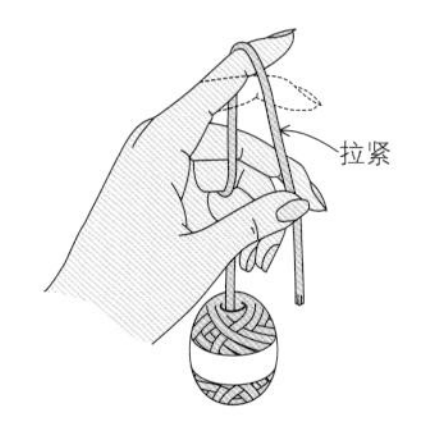

2 用拇指和中指捏住线头，竖起食指将线拉紧。

右手（持针方法）

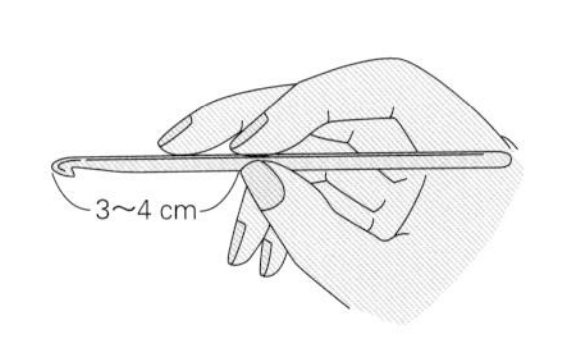

用拇指和食指轻轻地捏住钩针，再用中指抵住。

不方便编织时

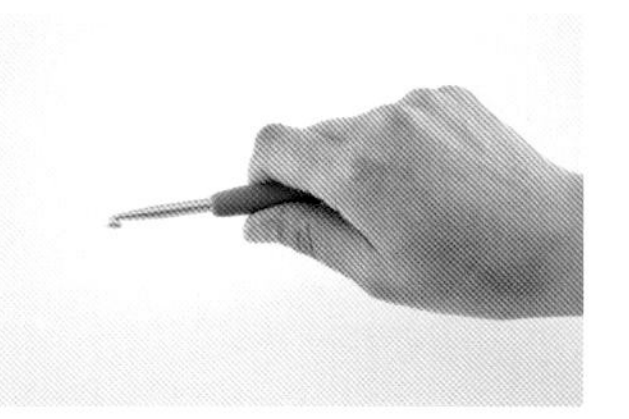

麻线比较硬，在不方便编织时也可以握住钩针编织。

基础教程

1 圆底、短针编织的手提包

**整体作品见 p.6（尺寸不同）、提手见 p.10A 款 /
p.10A 款的图解见 p.27（※p.6 的图解见 p.48、49）**

一边编织基础款的手提包，一边学习包包的制作步骤吧。

比如麻线独特的线头处理方法等，在编织其他包包时也请一并作为参考。

※p.6 手提包和 p.10A 款手提包的编织方法相同，只是尺寸不一样（针数和行数不同）。下面按 p.10A 款的编织图解进行说明

底部 环环形起针（将线头绕成环状）

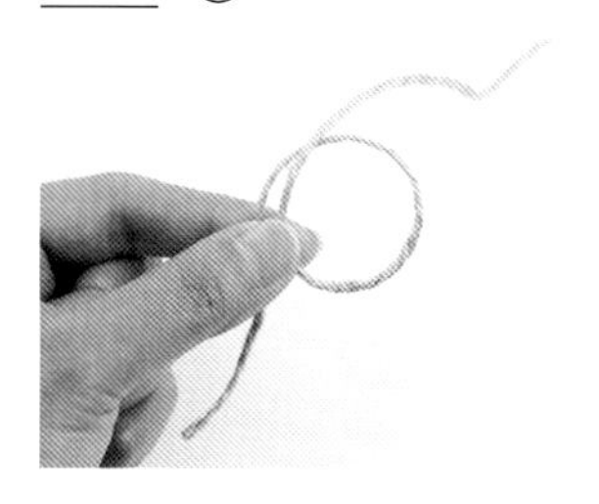

1 用线头制作线环。

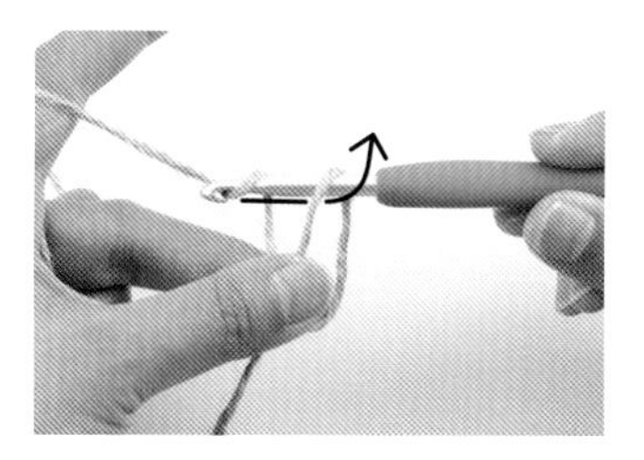

2 捏住线环的根部，针头挂线后拉出。这一针为预备针目（不计为 1 针）。

○ 锁针

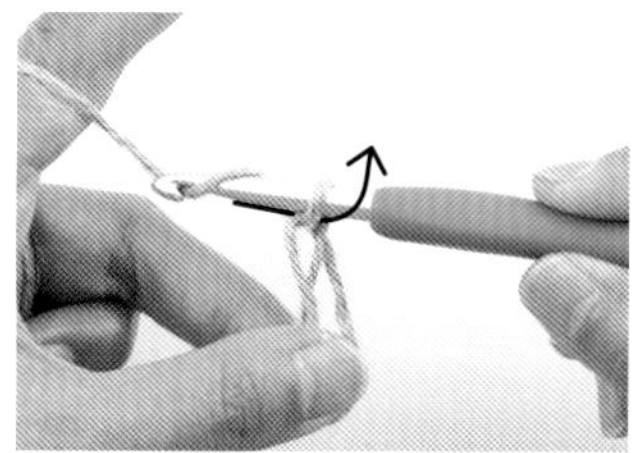

3 针头挂线，钩 1 针锁针（立针）。

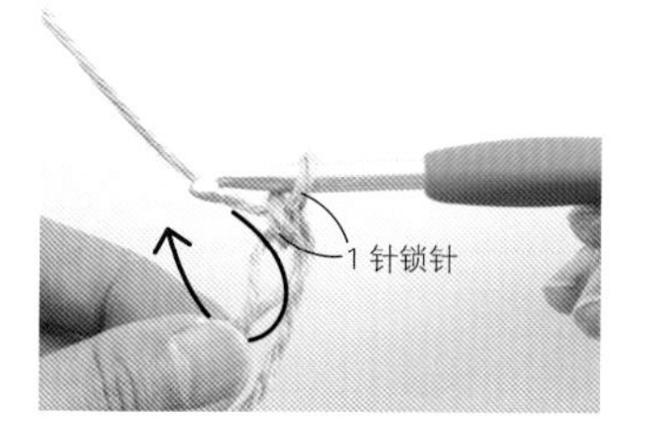

4 钩完 1 针锁针后的状态。接着在线环中插入钩针。

＋ 短针（在线环中挑针钩织）

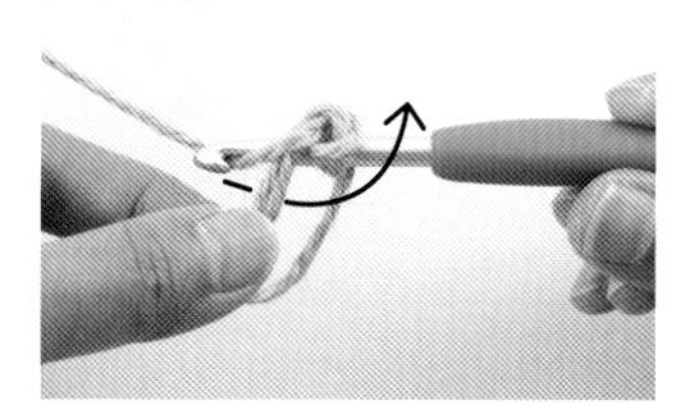

5 针头挂线，从线环中拉出。

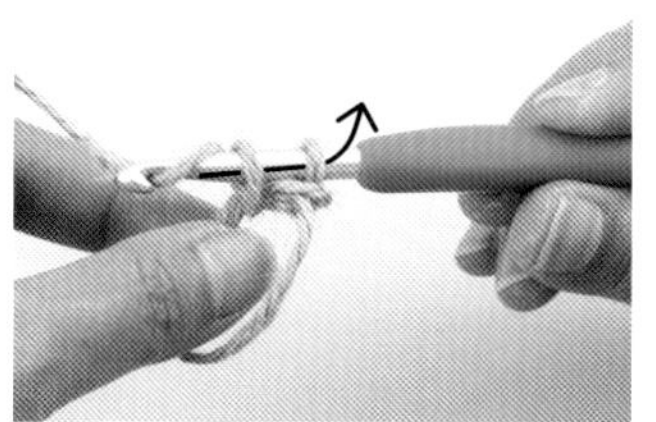

6 针头再次挂线，一次性引拔穿过针上的 2 个线圈。

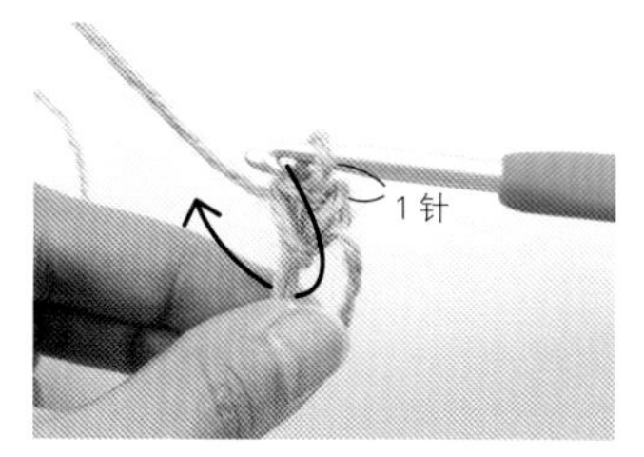

7 完成 1 针短针。用同样方法再钩织 5 针短针。

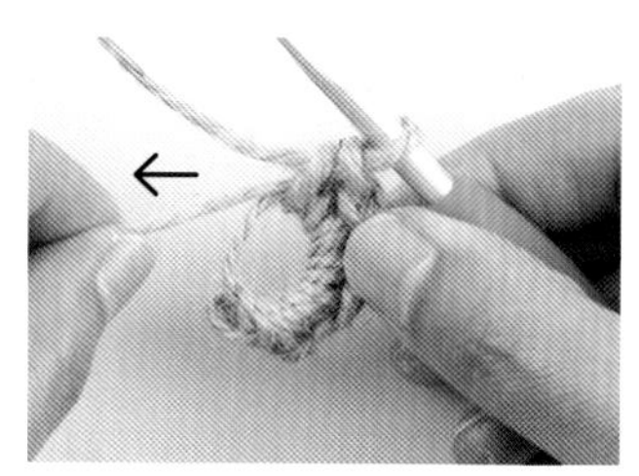

8 钩完 6 针短针后，拉动线头收紧线环。

● 引拔针（连接 2 个针目）

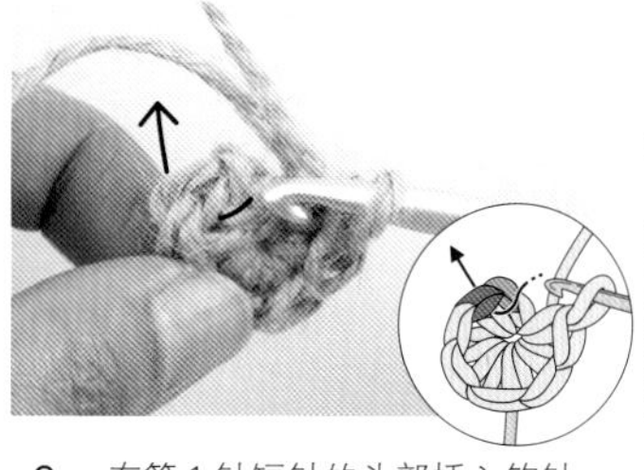

9 在第 1 针短针的头部插入钩针。
※ 注意不要与立起的锁针混淆

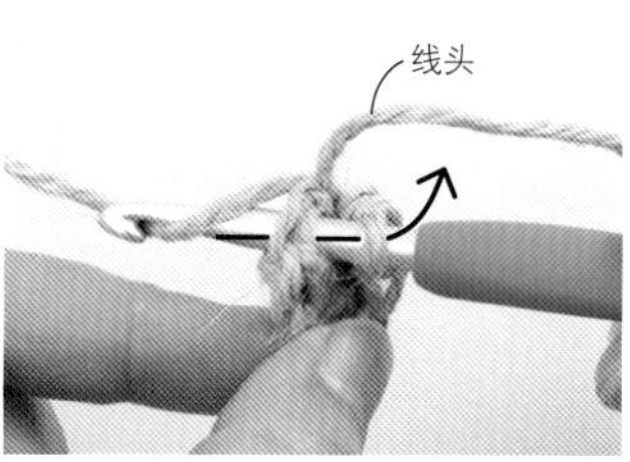

10 针头挂线后一次性拉出。
※ 避开线头

11 第 1 圈完成。

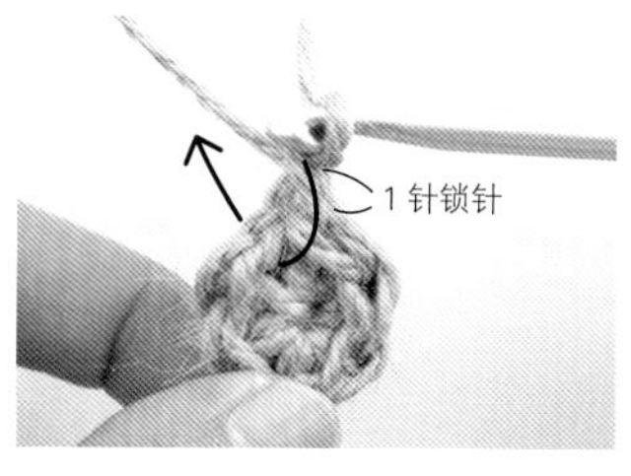

12 钩 1 针立起的锁针（→步骤 3），在第 1 圈的第 1 针（与步骤 9 同一个针目）里插入钩针，钩织短针（→步骤 5、6）。

∀ 1 针放 2 针短针（＝加针）

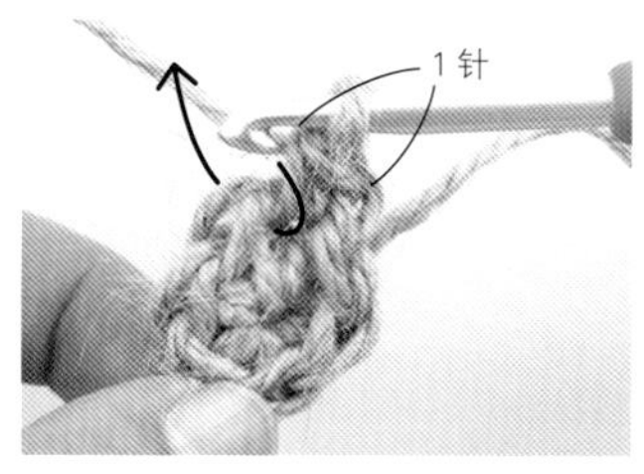

13 钩完 1 针短针。在同一个针目里再次插入钩针，再钩 1 针短针。

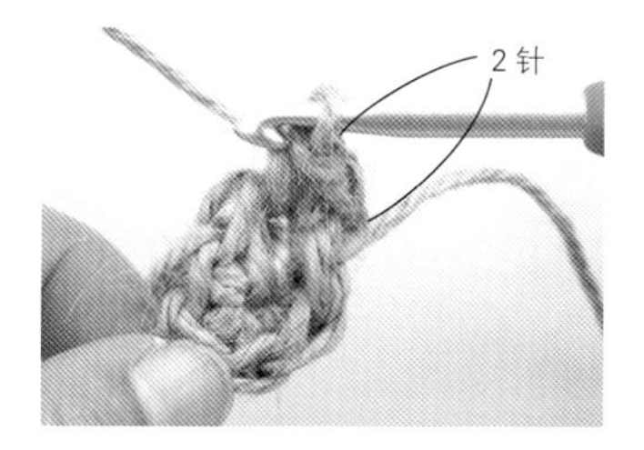

14 在同一个针目里钩入了 2 针短针。第 2 圈在 6 个针目里分别钩入 2 针短针。

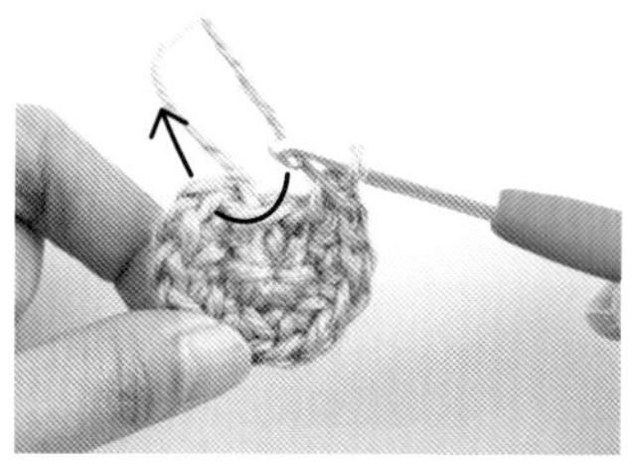

15 钩完 12 针后，在第 1 针里插入钩针，挂线引拔（→步骤 9、10）。

要点

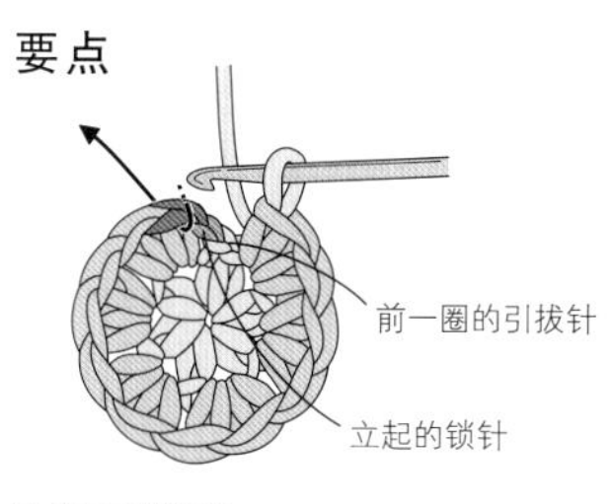

注意不要混淆！

16 第3圈交替钩织“1针短针”和“1针放2针短针”。

17 按符号图一边加针一边钩织底部。钩织13圈后，底部就完成了。

要点

将编织起点的线头穿入引拔针的反面做好线头处理（线头在反面呈纵向渡线状态）。

侧面

18 接着无须加减针钩织侧面。周围逐渐立起，呈立体状态。

19 钩完15圈后的状态。侧面就完成了。

提手

20 从侧面接着钩织提手的第1圈。先钩13针短针。

21 在短针后面接着钩20针锁针。

22 注意锁针不要扭转，在侧面第15圈的第27针（跳过13针，在第14针）里钩织短针。

23 另一侧也按相同要领钩织。图为提手的第1圈完成后的状态。

整段挑针（=包住整个针目钩织）

24 第2圈从第14针开始，将钩针插入第1圈钩织的锁针下方（=整段挑针），包住整个锁针钩织短针。

25 因为此处锁针和短针的针数相同，可以1针锁针对应钩织1针短针，这样会更加整齐美观。

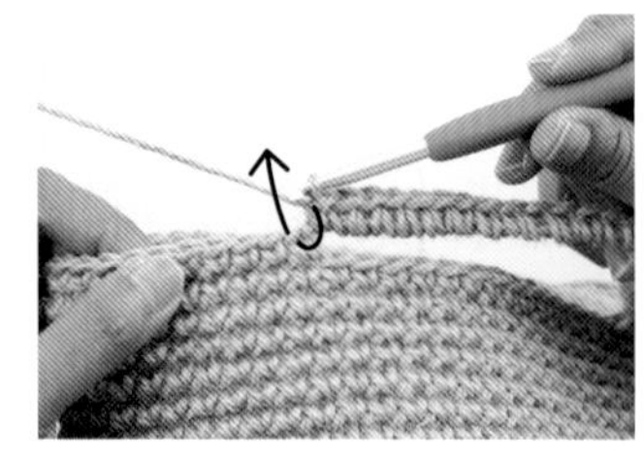

26 从第2圈的第34针开始，再从前一圈短针的头部挑针钩织。接下来按相同要领钩织至最后。

编织终点的线头处理

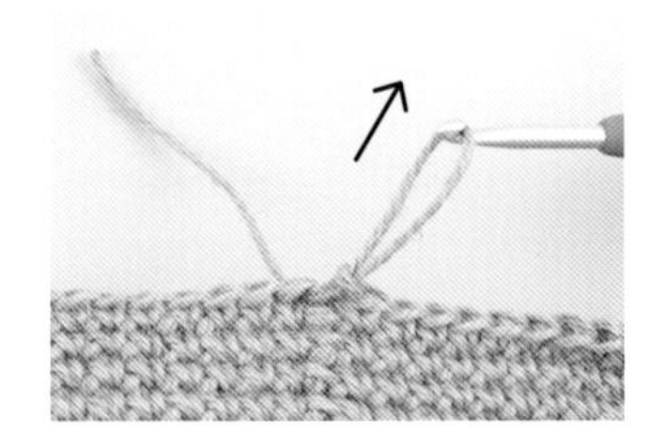

27 钩织至最后的引拔针，留出15 cm左右的线头剪断，将钩针上的线圈直接拉出。

28 拉动线头收紧引拔针后，将线头穿入缝针，然后将缝针插入最后一圈的第1针里，从后侧出针。

29 在同一个针目的根部出针。

30 将线头横着穿入若干针目，注意不要在正面露出。贴着织物剪断多余的线头，包包就完成了。

圆底、短针编织的手提包（A）（作品见 p.10）

材料和工具

KOKUYO 麻线 原麻色（包装线 –34）140 m（1 筒）

钩针 8/0 号

成品尺寸

包口周长 66 cm，深 15 cm（含提手）

密度

10 cm × 10 cm 面积内：短针 12 针，13.5 行

按图中作品相同大小编织的标准密度（→p.42）

编织要领

●底部环形起针，参照图解一边加针一边钩织 13 圈短针。侧面无须加减针接着钩织 15 圈。然后一边在 2 处制作提手，一边继续钩织 5 圈。

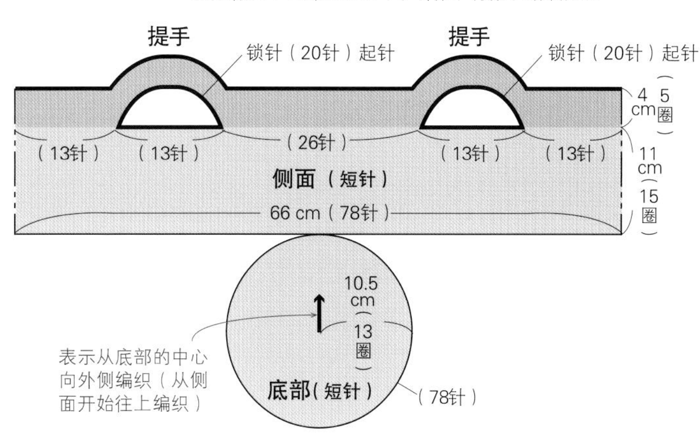

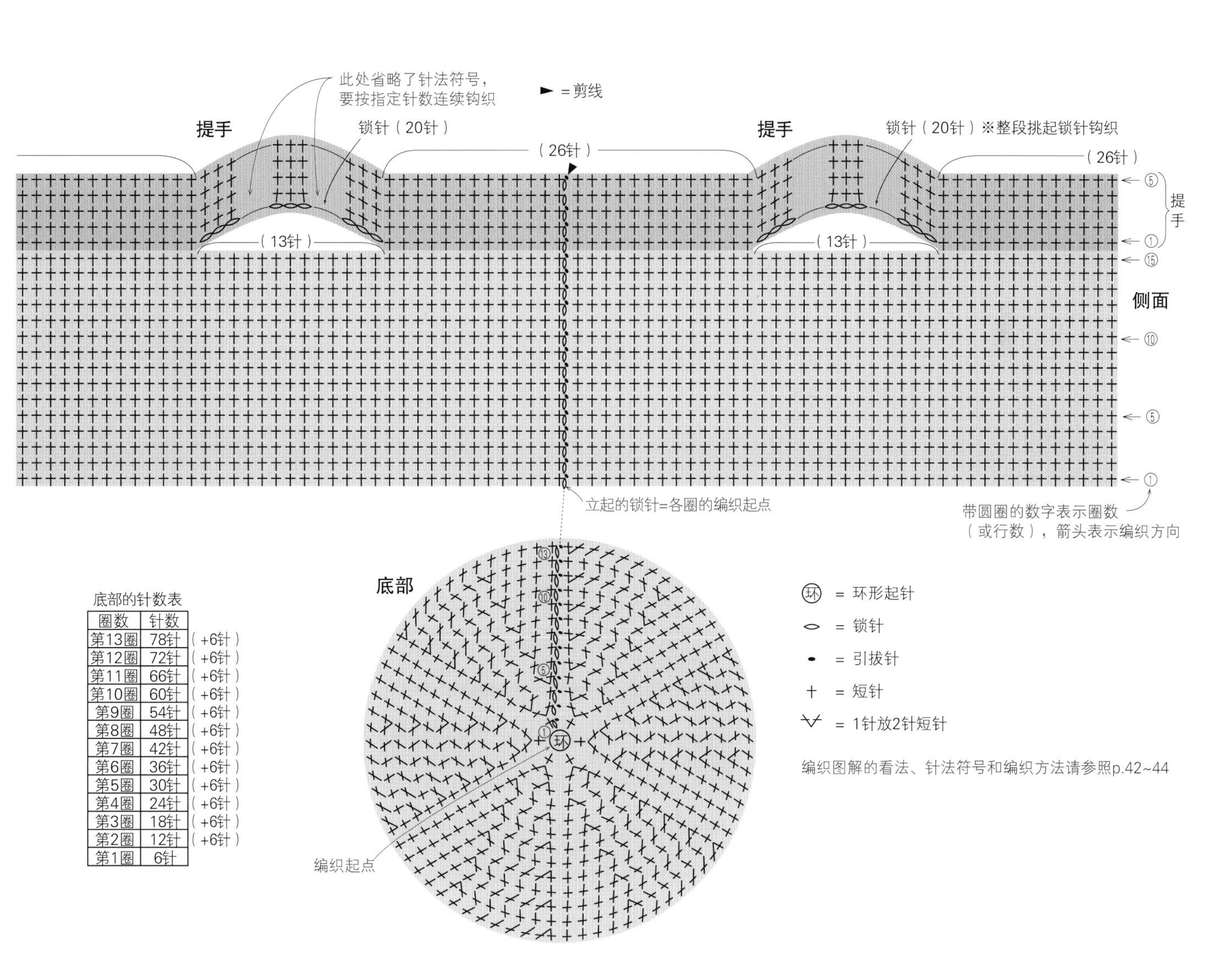

底部的针数表

圈数	针数	
第13圈	78针	（+6针）
第12圈	72针	（+6针）
第11圈	66针	（+6针）
第10圈	60针	（+6针）
第9圈	54针	（+6针）
第8圈	48针	（+6针）
第7圈	42针	（+6针）
第6圈	36针	（+6针）
第5圈	30针	（+6针）
第4圈	24针	（+6针）
第3圈	18针	（+6针）
第2圈	12针	（+6针）
第1圈	6针	

各种形状的收纳篮和包袋

每天脑海中总会浮现出各种各样的灵感。
将一部分想法进行组合，或者尝试不同的配色，
或者先试着编织出大体形状，又或者从文字语言展开联想……
最终转换成了这些包袋和收纳小物。

这就是从“购物”一词联想到的设计。

17 马尔歇包

曾在巴黎的时尚街拍中看到过马尔歇购物包，此后便一直念念不忘。
记得其中就有这样一款加固型的手提包，于是就仿制了一个。

制作方法 p.66、67

18 外出手拎包

如今购物袋的形式多种多样，环保布袋的使用也越来越普遍。
这款作品缩短了一侧的提手，设计成了套结式手拎包的样子。

制作方法 p.68

说到连接花片，总是让人想到绚丽多彩的花形花片。
这次另辟蹊径用“圆形”和“方形”花片制作了两款手提包。
大家不妨用各种颜色编织，享受配色和连接的乐趣吧！

19 圆形花片手提包

连接圆形花片后往往会留出空隙，
好在麻线编织的花片比较紧密，所以并不明显。

制作方法 p.70、71（教程 p.47）

20 方形花片手提包

怎样才能使四方形主体吻合圆形提手的弧度呢?
经过反复尝试后，终于找到了“收褶”的新技法!

制作方法 p.72、73

几年前开始流行的手拿包也似乎已经很普遍了。
这里用鲜艳的配色制作了横条纹和竖条纹两款包包。

如果摊开使用，就是一款大容量的化妆包。

21 两用拉链包

这是一款带拉链的折叠式包包。制作简单，使用方便。
将麻线拆散后制作成的流苏系在拉链的拉头上。

制作方法 p.69

22 木质口金包

这款木质口金是靠磁铁开合的，凹槽的宽度也与麻线织物的厚度正相合。
条纹花样部分钩织短针的棱针，增强了立体感。

制作方法 p.74、75

23 三用正反针条纹包

利用短针正面和反面的不同纹理编织出了条纹花样。
织物表面呈现出凹凸感，别有一番趣味。

制作方法 p.76、77

单肩背包

将提手扣在外侧的纽扣上，
再拉紧抽绳收拢包口。

单提手挎包

将短提手的扣眼扣
在内侧的纽扣上。

单肩包

将长提手的扣眼扣
在内侧的纽扣上。

将一般网格针的锁针部分整段挑起钩织短针，提高了织物的厚实度。
经典的青海波日式纹样果然给人一种大海的感觉。

24 网格针花样手提包

与其他针法的手提包相比，网格针更容易拉伸。
所以将原来的尺寸进行压缩，编织成横版后就恰到好处了。

制作方法 p.78

25 悬挂网兜

最近，结绳编织的网兜非常流行。
用钩针编织也能轻松完成。

制作方法 p.79

扇形花边最能激发少女心了。
淡淡的甜美气息与室内家居也很搭。

26 废品筐

小小的尺寸煞是可爱！
好像还可以套在花盆等物的外面用作装饰。

制作方法 p.80

27 单提手收纳篮

这样的外形放在房间的很多地方都挺合适。
室内收纳篮加上短一点的提手会更加方便。

制作方法 p.81

充满童趣的小物件，只需少量的线材就能制作完成。

28 套娃收纳盒

将日本传统的小芥子木偶设计成了带盖的套娃收纳盒。
为了让盖子正好可以合上，做了巧妙的细节处理。

制作方法 p.82、83

29 非洲女孩口金包

这款口金包是一个非洲女孩的形象，
圈圈针钩织的一头卷发与木质口金一样别具特色。

制作方法 p.84

钩针编织基础

编织图解的看法

图解表示的是从正面看到的织物状态，将针目直接转换成了针法符号。由于实际编织时基本上都是从右往左编织，所以往返编织时要交替看着织物的正、反面编织。每一行的编织起点都有立起的锁针，当立起的锁针在右侧时，表示该行是从正面编织；当立起的锁针在左侧时，表示该行是从反面编织。

环形编织时，通常是一直看着正面编织。但是，也有每圈改变方向编织的情况，这时就要注意立起的锁针的方向。因为针目出现在钩针的下方，所以图解所示是由下往上编织的（环形编织时，由中心往外侧编织）。就像连笔画一样，从编织起点位置开始，只要依照顺序按符号编织即可。

往返编织

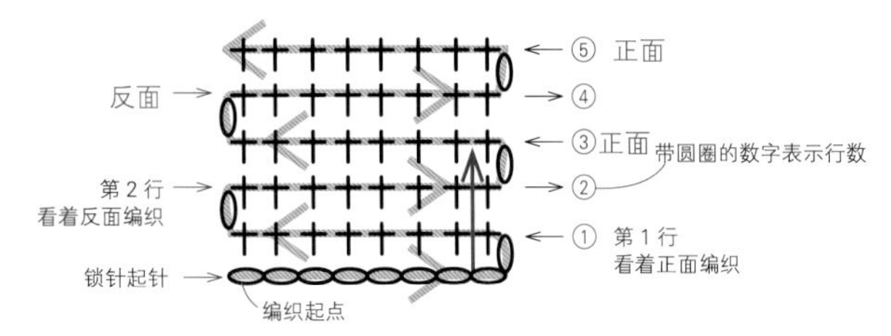

环形编织

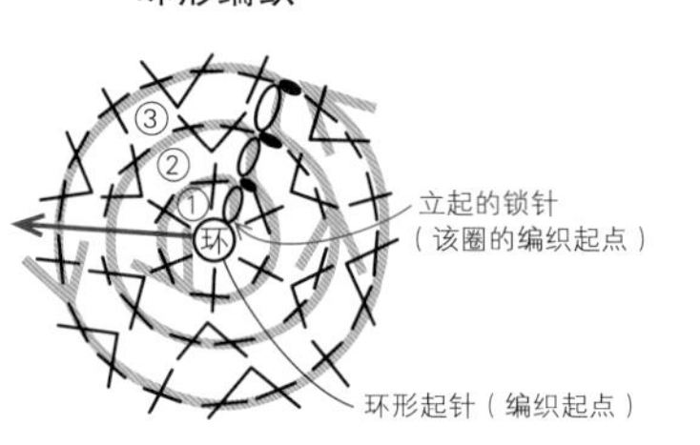

※ 每圈都看着正面编织

环状的往返编织

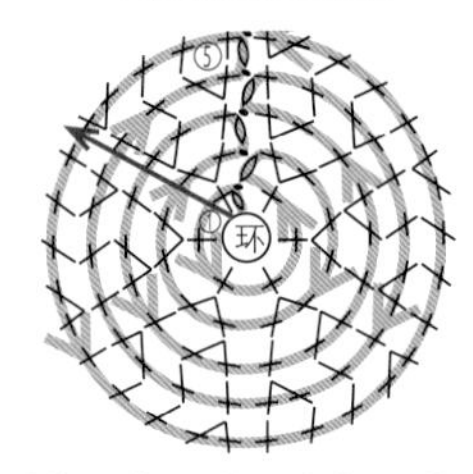

※ 奇数圈看着正面编织，偶数圈看着反面编织

针法符号的看法（针法符号表示的内容）

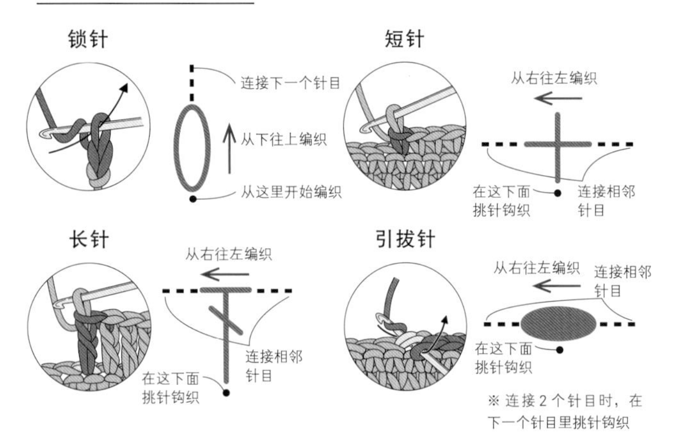

※ 连接2个针目时，在下一个针目里挑针钩织

针目的高度和“立针”

除了锁针和引拔针之外，钩针编织的针目均以不同高度相互区别。在某一行的编织起点不能直接编织有一定高度的针目，首先要钩织锁针至相同高度。这部分锁针就叫作“立针”。

引拔针

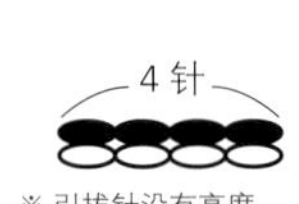

※ 引拔针没有高度
→不需要钩织立针

短针

4针

※ 钩织短针时，立起的锁针不计为1针

中长针

4针

立针

※ 钩织中长针以及更高的针目时，立起的锁针计为1针

长针

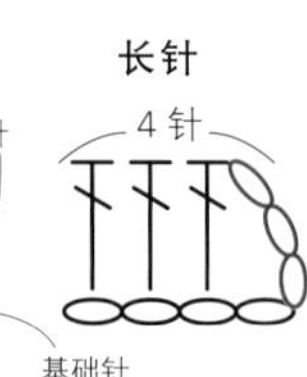

基础针
（立针的基底）

关于密度

所谓密度，是指针目的大小。即使是同样的线，也会因为编织者手上的松紧不同而导致密度不同。如果想按书上的尺寸编织，就要测量密度，通过调整钩针的粗细或编织时的松紧度，尽量与书上的密度保持一致。

针数、行数的数法

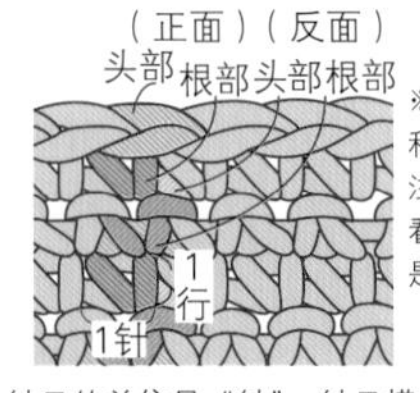

※ 针目由“头部”和“根部”构成。注意正面和反面看到的针目状态是不一样的

针目的单位是“针”，针目横向排成一排叫作“行”。

密度的测量方法

编织12 cm×12 cm左右的织片，数出横向10 cm内有几针，纵向10 cm内有几行。

针数和行数多于指定密度时
针目比较密集，成品会变小
→换成粗一点的钩针，或者编织得稍微松一些

针数和行数少于指定密度时
针目比较疏松，成品会变大
→换成细一点的钩针，或者编织得稍微紧一些

关于锁针起针

“起针”是编织任何针目的基础。由于锁针的起针会被后面编织的针目拉紧，所以起针时要编织得松一点，或者使用粗1~2号的钩针编织。

锁针的挑针方法

锁针起针的情况下，有3种挑针方法。除特别指定外，可以使用任何一种挑针方法。

从锁针的里山挑针
①

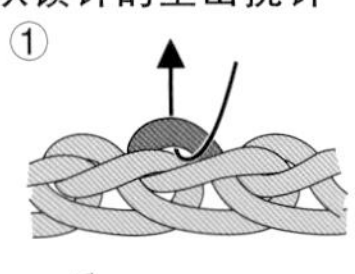

立针

从锁针的半针和里山挑针
②

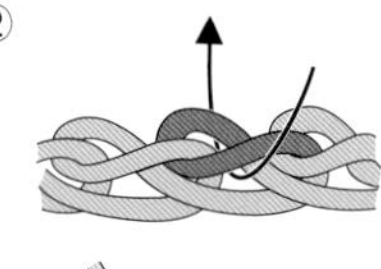
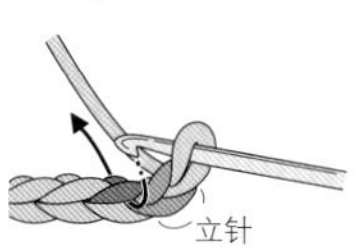

从锁针的半针挑针
③

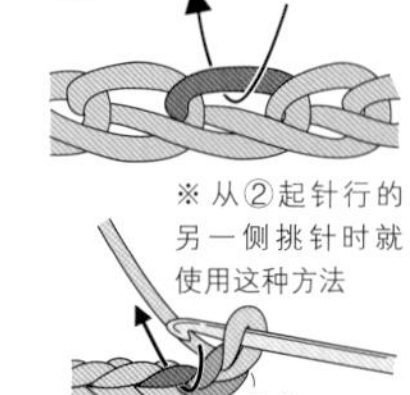

※ 从②起针行的另一侧挑针时就使用这种方法

针法符号和编织方法

环 环形起针（将线头绕成环状）

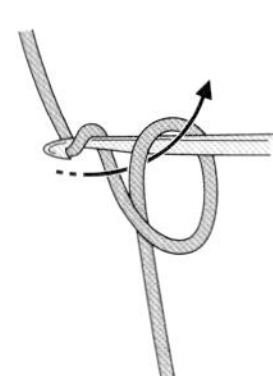

1
按锁针起始针目的制作要领（参照“锁针”），绕出一个线环，在钩针上挂线后拉出。

2
不要拉紧线环，保持松松的状态，钩1针立起的锁针。

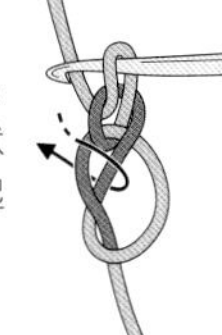

3
接着在线环中插入钩针，挑起2根线钩织第1针（此处为短针）。

4
1针短针完成。继续按相同要领在线环中钩织第1圈，最后拉动线头收紧线环。

● 引拔针

※ 辅助性的编织方法，也用于针目与针目之间的连接等

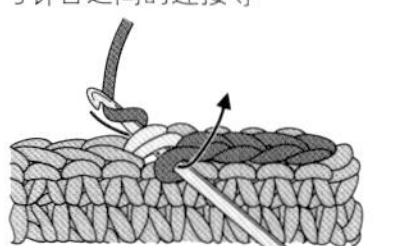

针头挂线后一次性拉出。

○ 锁针

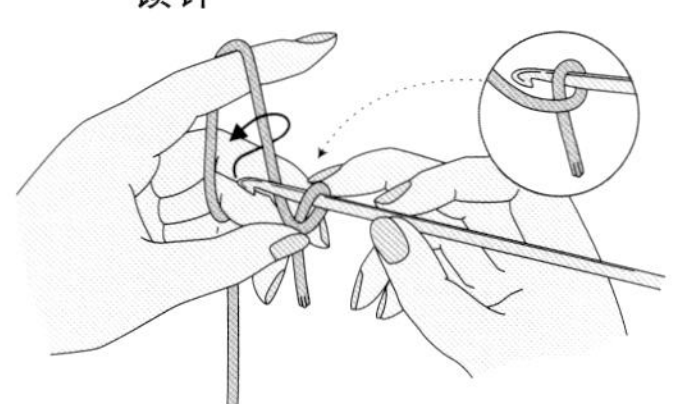

1
如图所示绕出一个线环，捏住线环的交叉点，如箭头所示转动钩针挂线。

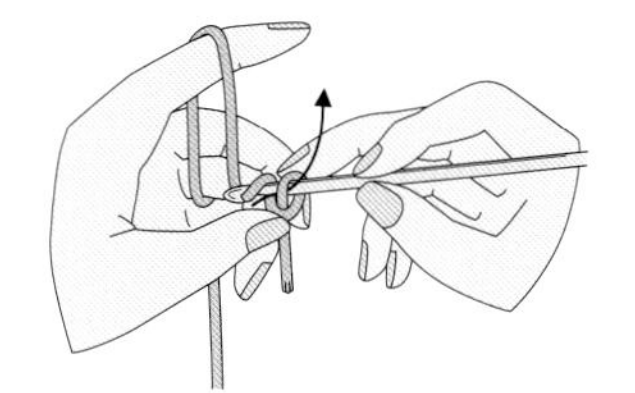

2
将挂在针头上的线从线环中拉出。

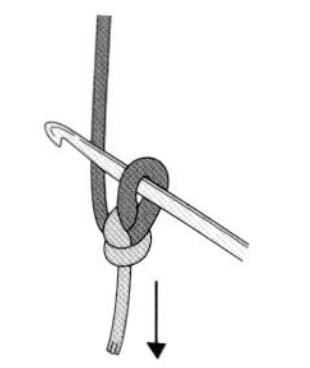

3
拉动线头收紧线环。这一针是起始针目，不计入针数。

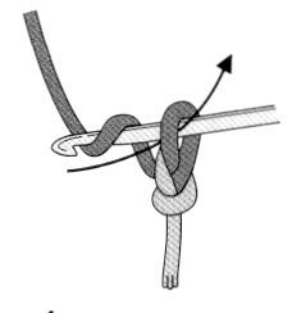

4
针头挂线，从针上的线圈中拉出。

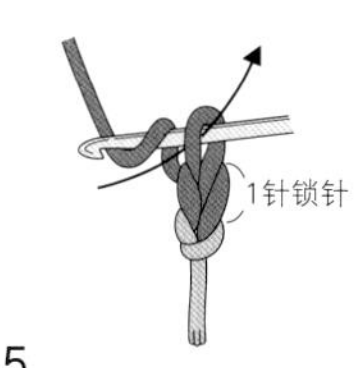

5
1针锁针完成。按相同要领继续钩织。

＋（╳） 短针

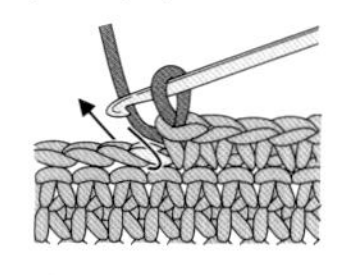

1
在前一行针目头部的2根线里插入钩针。

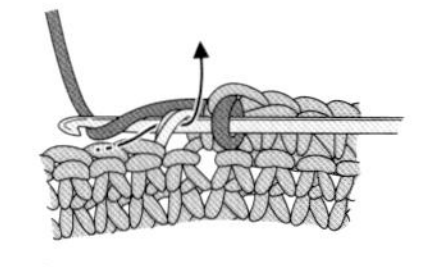

2
针头挂线后拉出，将线圈拉至1针锁针的高度。

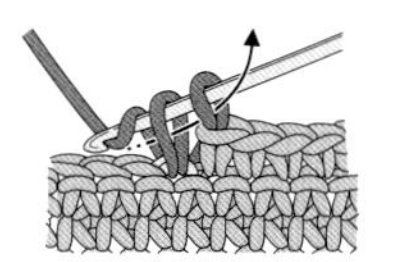

3
再次挂线，一次性引拔穿过2个线圈。

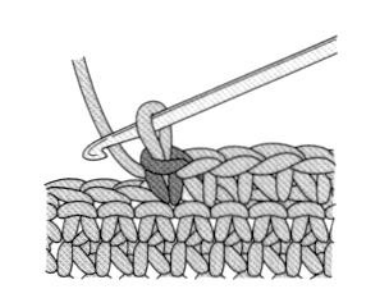

4
1针短针完成。

T 中长针

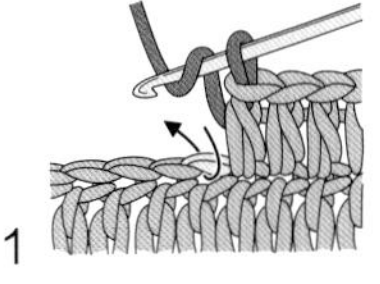

1
针头挂线，在前一行针目头部的2根线里插入钩针。

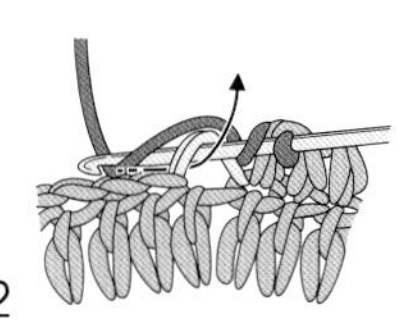

2
针头挂线后拉出，将线圈拉至2针锁针的高度。

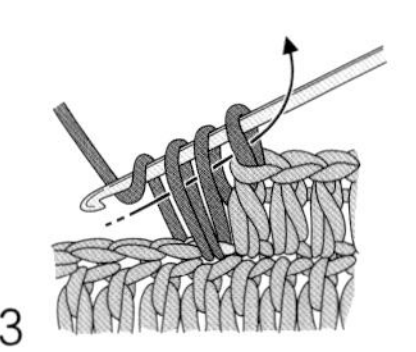

3
再次挂线，一次性引拔穿过3个线圈。

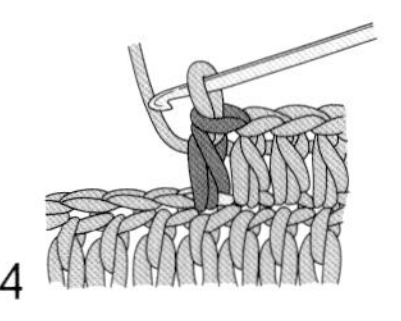

4
1针中长针完成。

未完成的针目

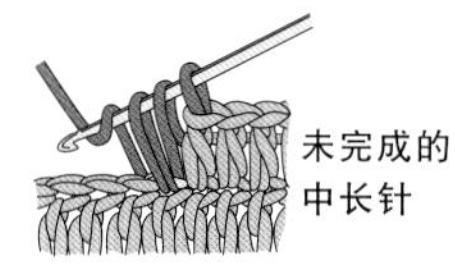

未完成的中长针

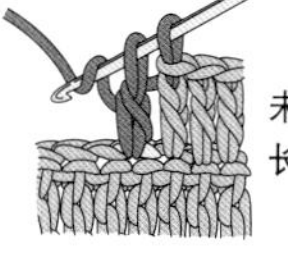

未完成的长针

针目在做最后一步的引拔操作前，留在针上的线圈状态叫作“未完成的针目”，用于减针等情况。

长针

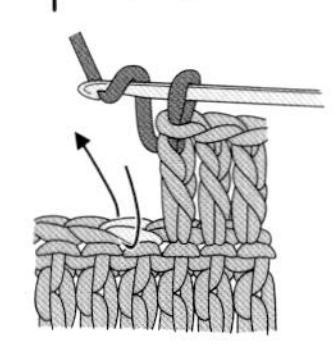

1
针头挂线，在前一行针目头部的2根线里插入钩针。

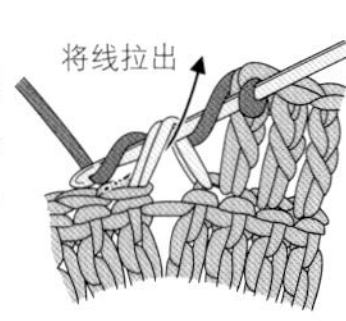

2
针头挂线后拉出，将线圈拉至2针锁针的高度。

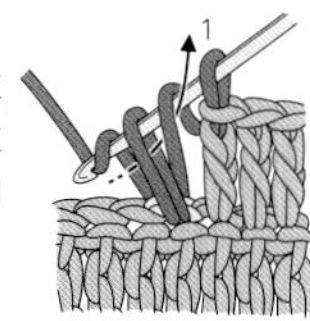

3
再次挂线，一次性引拔穿过针头的前2个线圈。

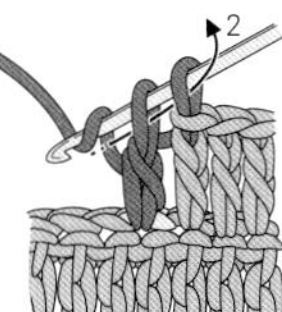

4
再次挂线，引拔穿过剩下的2个线圈。

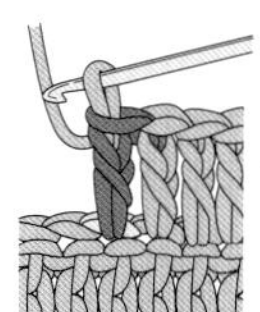

5
1针长针完成。

1针放2针短针（加针）

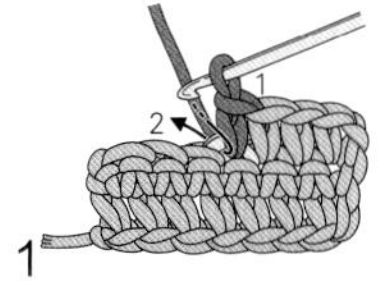

1
先钩1针短针，在同一个针目里再钩1针短针。

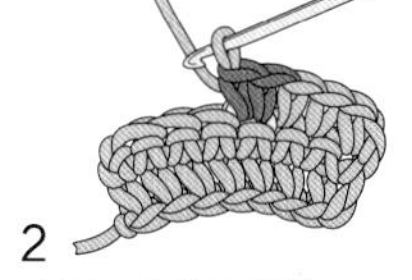

2
在同一个针目里钩入了2针短针。

2针短针并1针（减针）

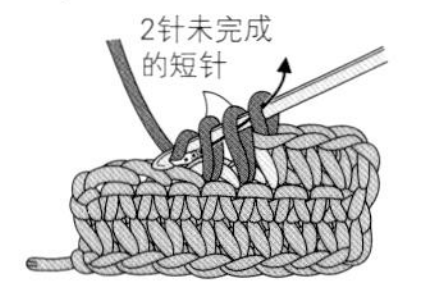

1
依次在2个针目里挂线后拉出（2针未完成的短针）。接着在针头挂线，一次性引拔穿过3个线圈。

2
2针并作了1针，即2针短针并1针完成。

2针长针并1针（减针）

1
钩2针未完成的长针。接着在针头挂线，一次性引拔穿过3个线圈。

2
2针并作了1针，即2针长针并1针完成。

长长针

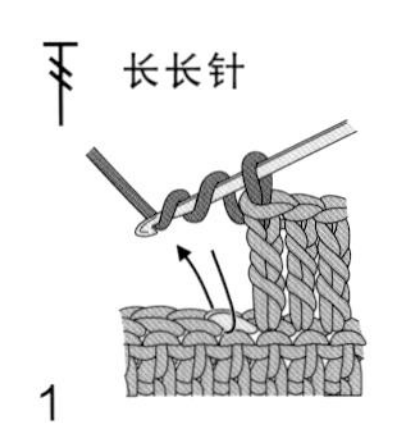

1
在钩针上绕 2 圈线，在前一行针目头部的 2 根线里插入钩针。

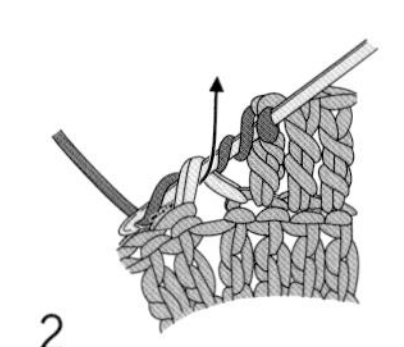

2
针头挂线后拉出，将线圈拉至 2 针锁针的高度。

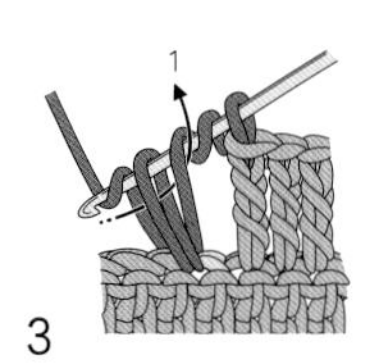

3
针头挂线，一次性引拔穿过针头的前 2 个线圈。

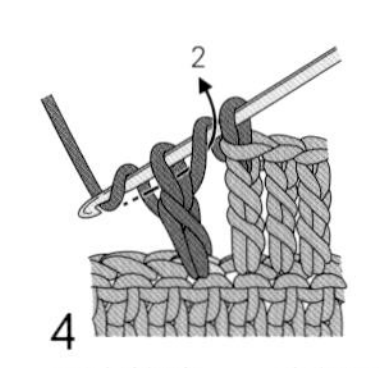

4
再次挂线，一次性引拔穿过针头的前 2 个线圈。

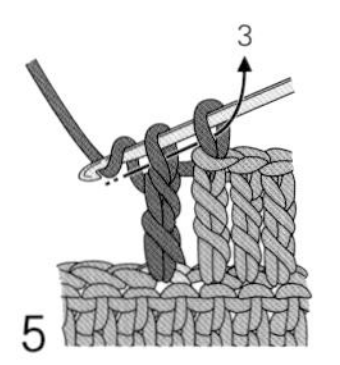

5
再次挂线，引拔穿过剩下的 2 个线圈。

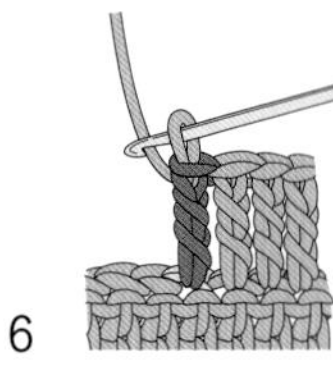

6
1 针长长针完成。

短针的棱针

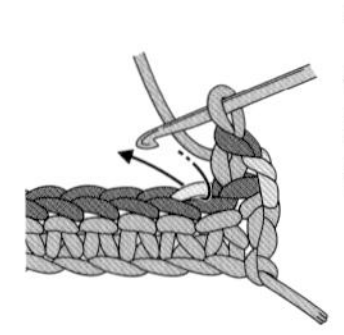

1
在前一行针目头部的后侧半针里挑针，钩织短针。

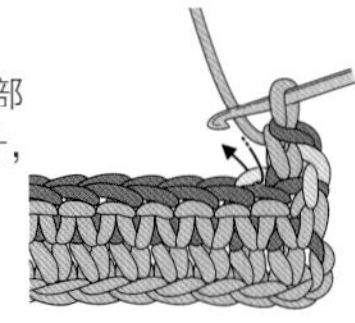

2
下一行也按相同要领，在前一行针目头部的后侧半针里挑针钩织短针。

长针的正拉针

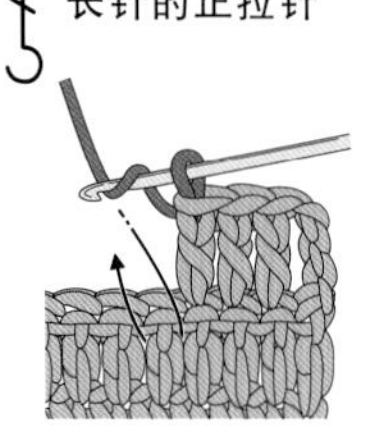

1
针头挂线，从织物的前面插入钩针，挑取符号的钩子部分（ ）所在针目的整个根部，钩织长针。

2
长针的正拉针完成。

短针的圈圈针

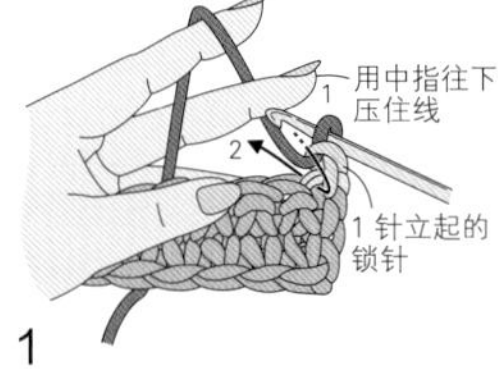

1
用左手的中指往下压住线，接着在前一行的针目里挑针。

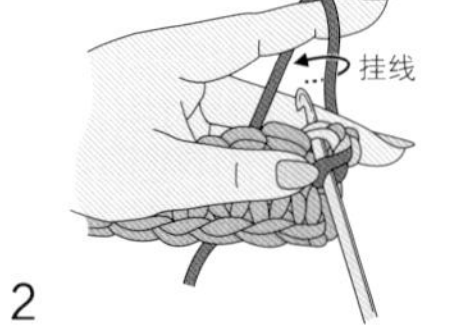

2
在中指压住线的状态下在针头挂线。

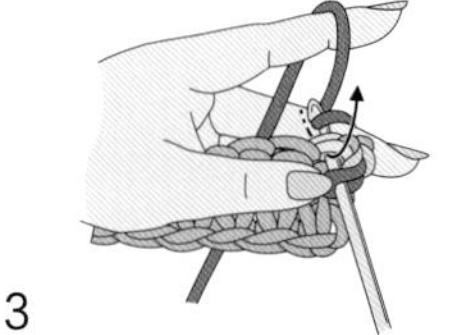

3
将线拉出。

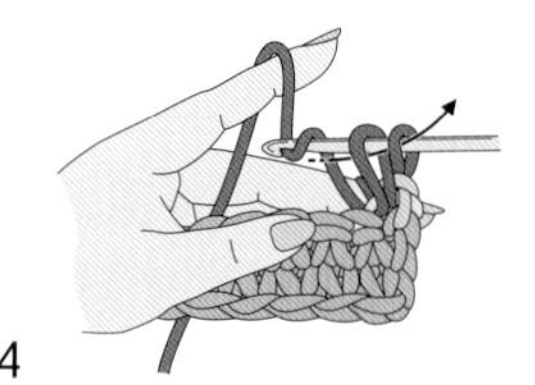

4
钩织短针。退出中指，线圈出现在织物的反面。

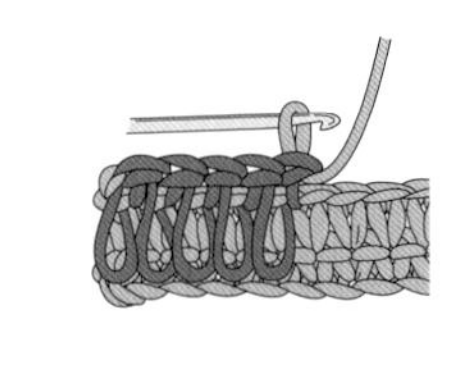

5
从反面看到的状态。一边确认线圈长度是否一致，一边继续钩织。

短针的配色编织（横向渡线）

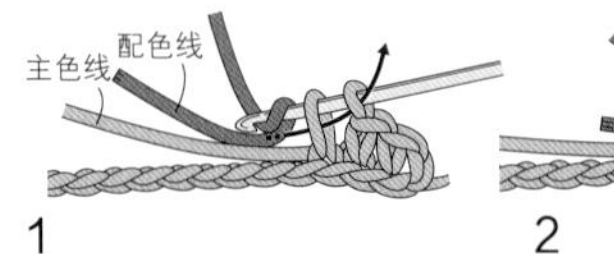

1
在配色的前一针短针做最后的引拔时，换成配色线。

2
连同配色线的线头和主色线一起挑针，挂线后拉出。

3
用配色线钩织短针，将配色线的线头和主色线包在针目里面。

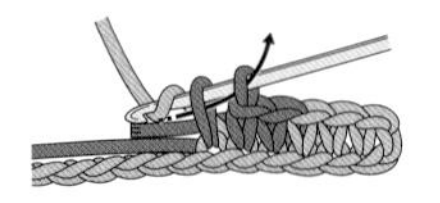

4
在配色线的针目做最后的引拔时，换成主色线。

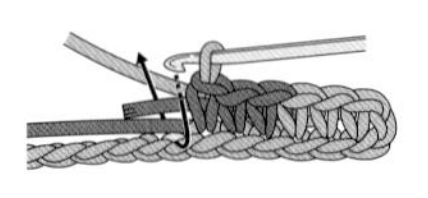

5
用主色线钩织短针，将配色线包在针目里面。

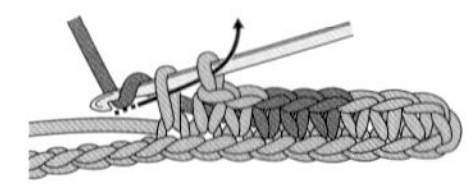

6
按相同要领一边换线一边继续钩织。

卷针缝（缝合）

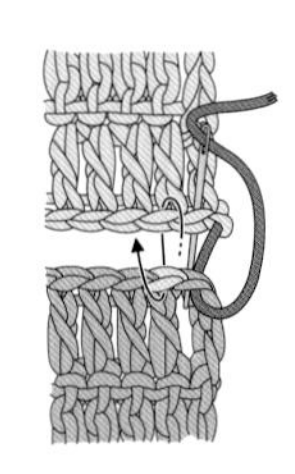

1
将 2 片织物正面朝上对齐，缝针总是从同一个方向入针，分别挑取 1 针缝合。注意拉线时的松紧度要适中。

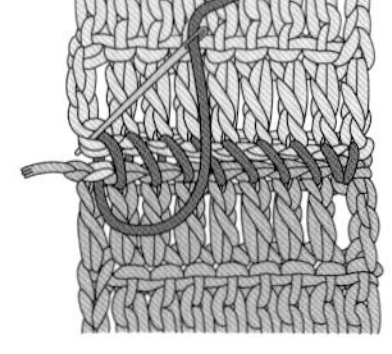

2
缝合结束时，在同一个位置缝上 1~2 次加以固定，最后在反面做好线头处理。

※ 用卷针缝的方法连接花片时也按相同要领操作

刺绣方法

● 直线绣

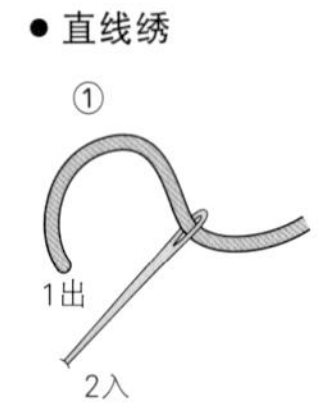

● 雏菊绣

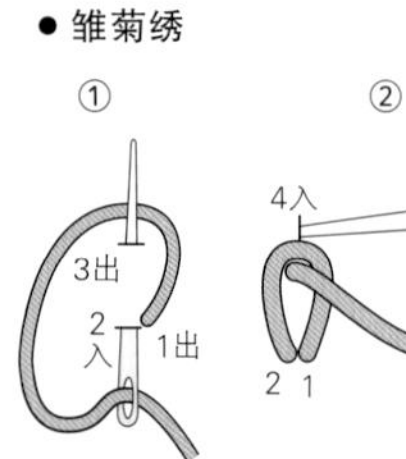

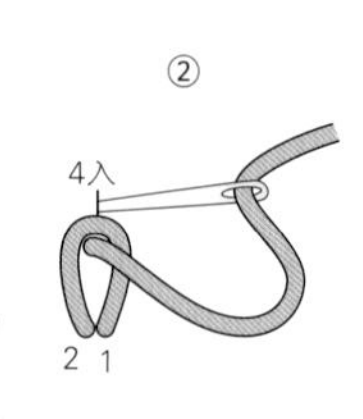

● 锁链绣

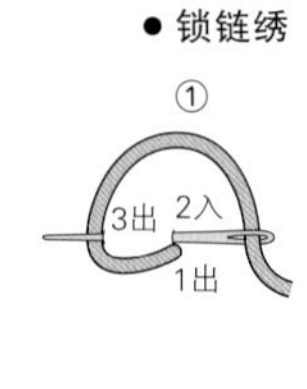

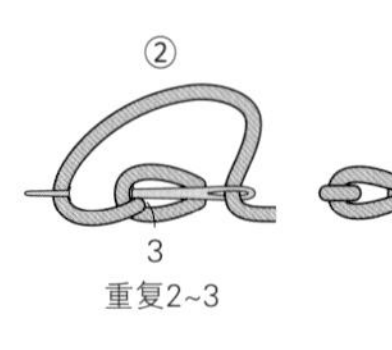

● 十字绣（横向往返刺绣的情况）

※ 刺绣顺序可按个人喜好决定，注意交叉的方向要统一

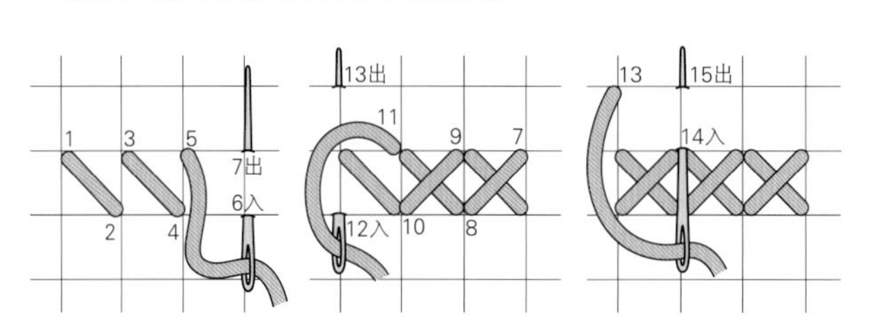

※ 十字绣的入针位置

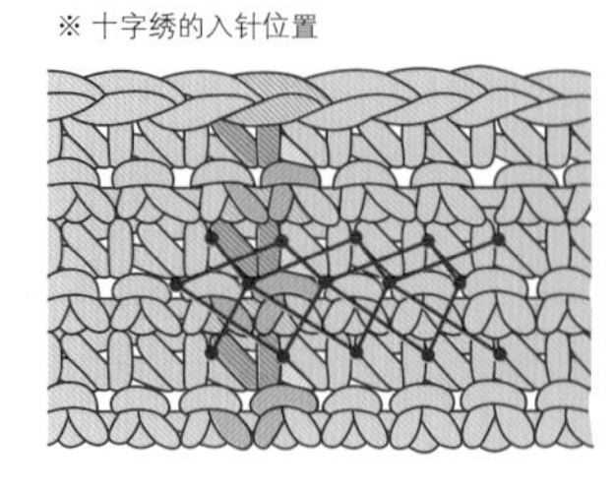

重点教程

2 正方形底、变化的短针编织手提包（作品见 p.7 ／图解见 p.50、51）

只需改变一下短针的入针位置，
就可以编织出类似平针的效果。
提手的钩织方法也很巧妙。
※ 教程中缩减了针数和行数

侧面

变化的短针（从根部的中心挑针）

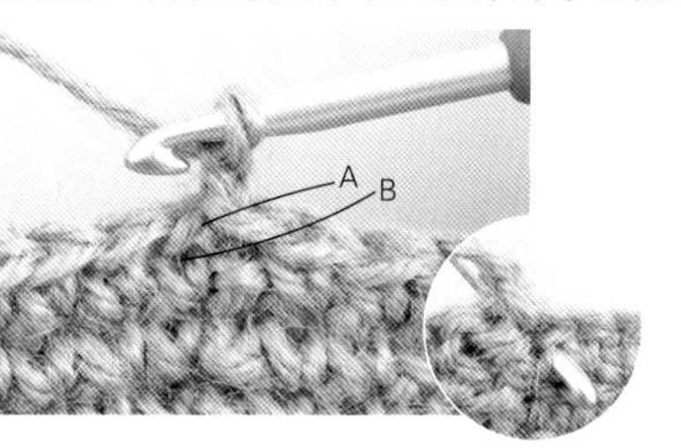

1　普通的短针是在 A 处插入钩针，这里是在 B 处插入钩针。

在 B 处插入钩针后从反面看到的状态。

要点

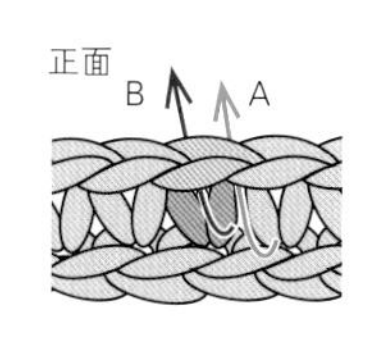

2　在 B 处插入钩针，钩织短针。注意比平常钩织得稍微松一点（往上提拉的感觉）。

3　1 针短针完成。

提手

4　钩织几圈后的状态。与普通的短针相比，针目（织物）的倾斜方向相反。

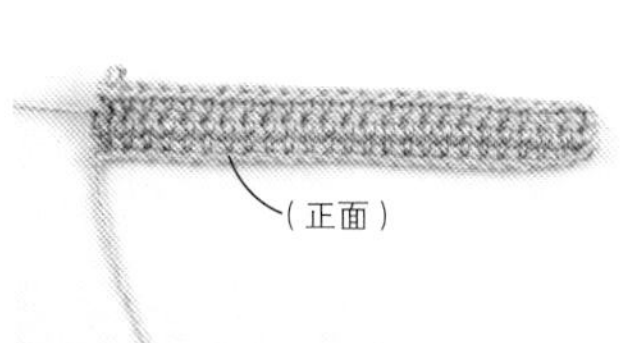

5　钩织提手的内芯时，在编织起点预留 50 cm 左右的线头。这是钩织 3 行后的状态。

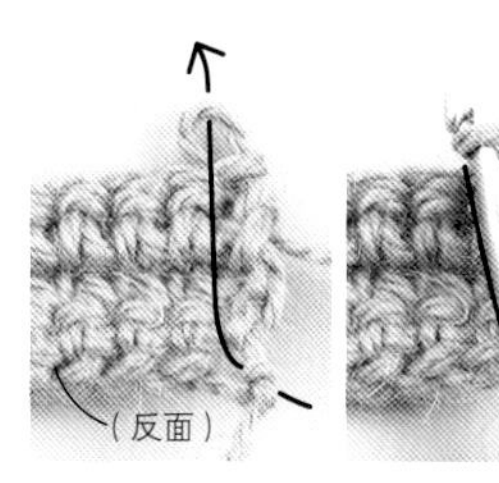

6　将提手的内芯翻至反面，如箭头所示插入钩针引拔（第 1 针）。

7　提手的内芯呈折叠状态。从第 2 针开始，如箭头所示插入钩针，挂线引拔。

8　提手的内芯完成。编织终点也留出 50 cm 左右的线头后剪断。

缝合提手的内芯

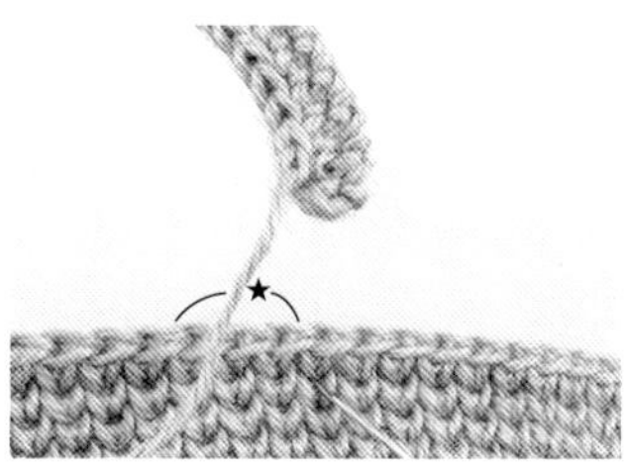

9　使用编织起点和编织终点的线头，在侧面最后一圈的下面一行插入缝针进行缝合。

10　缝好后的状态。按相同要领在 4 处缝上提手的内芯。

包住提手内芯的钩织

11　加入新线，挂线引拔。

12　最初的针目完成。将针目的头部移至上端。这一针不计入针数。

13　注意保持针目的紧致性，从下一针开始如图所示用左手挂线。

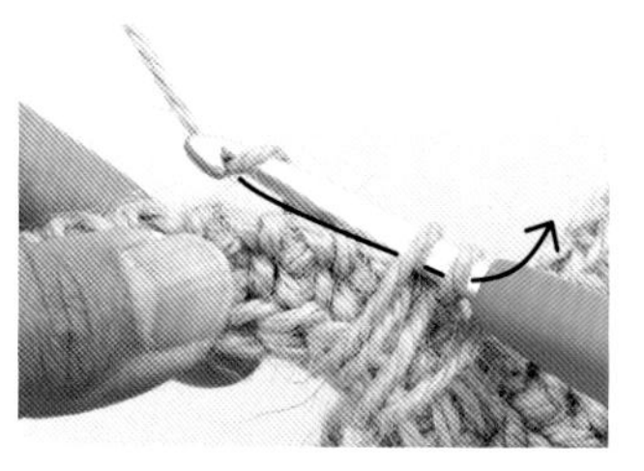

14　针头挂线后引拔（按短针的运线方法，与步骤 13 一样用左手挂线钩织）。

15　1 针完成。继续钩织至最后，注意保持针目头部的紧致性。

15 七宝纹手提包（作品见 p.22 ／图解见 p.64）

往返做“纵向渡线配色编织”以及局部的“横向渡线配色编织”，这款配色花样编织起来稍微有点复杂。

※ 实际作品中是做环状的往返编织，此处仅往返编织侧面的 1 个花样进行说明。编织要领相同

要点

用原麻色线编织底部和侧面的前 2 圈后，用剩下的线制作 8 个小线团。另外将 2 团红色线分成 5 个小线团，将 2 团橙色线分成 4 个小线团，再将 1 团白色线分成 5 个小线团。

纵向渡线配色编织

1　在侧面第 2 行的终点做最后的引拔时加入白色线。

2　换成了白色线。原麻色线留出 5 cm 左右剪断，后面将其包在针目里面钩织。

（第 1 行，看着正面编织）

3　第 1 行先钩 1 针立起的锁针，在第 2 针短针做最后的引拔时将白色线放在后侧暂停编织，加入橙色线。

4　将橙色线的线头包在针目里面，钩织短针。

放在后侧暂停编织

5　在橙色线的第 21 针做最后的引拔时加入白色线。按相同要领，每次配色都加入新线钩织。

（第 2 行，看着反面编织）

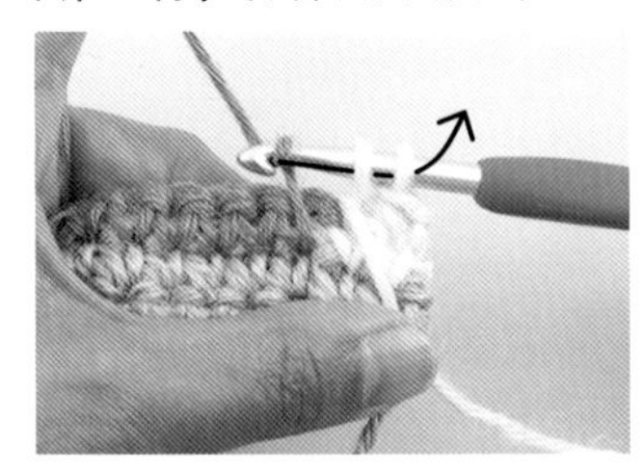

6　第 2 行在第 2 针做最后的引拔时，将白色线拉到织物的前侧，换成暂停编织的橙色线。白色线留出 5 cm 左右剪断，最后再做线头处理。

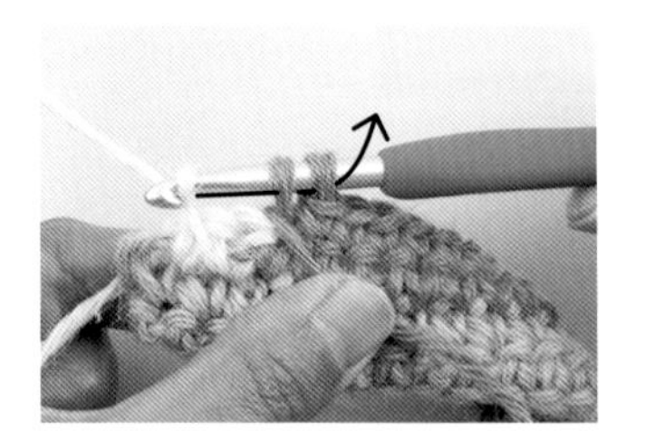

7　接下来按相同要领，将刚才钩织的线拉到织物的前侧，换成暂停编织的线继续钩织。橙色线不要剪断，放在一边暂停编织。

（第 3 行，看着正面编织）

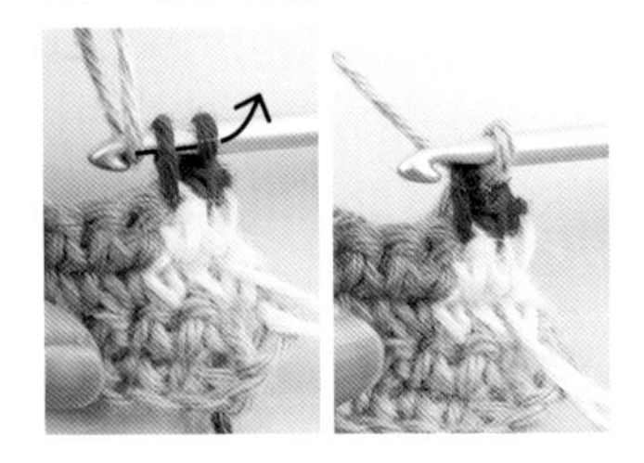

8　在第 2 行的终点做最后的引拔时加入红色线。第 3 行在第 2 针做最后的引拔时，将红色线放在后侧暂停编织，加入原麻色线。

㊉ 的编织方法 ※ 这部分做横向渡线编织（注意不要向斜上方渡线）

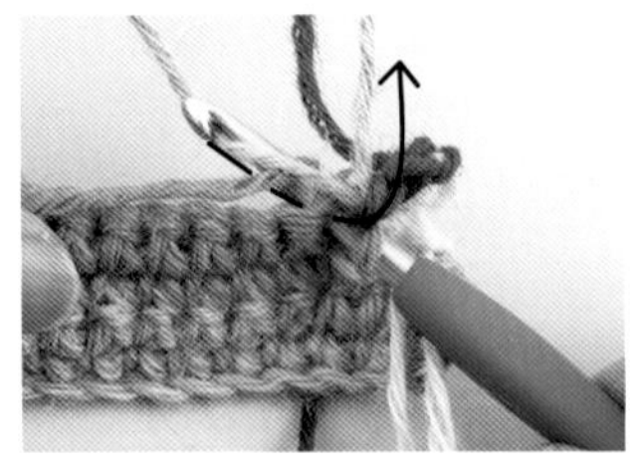

9　将后侧暂停编织的橙色线拉上来，用原麻色线包住橙色线钩织 3 针。

10　在原麻色线的第 3 针做最后的引拔时换成橙色线，然后只需用橙色线包住原麻色线钩织 2 针。

11　接下来将原麻色线放在后侧暂停编织，继续用橙色线钩织。图片是从反面看到的状态。

12　按相同要领依次加入原麻色线、红色线，将线头包在针目里面继续钩织。

（第 4 行，看着反面编织）

13　第 4 行在钩织原麻色线的第 4、5 针时，将暂停编织的橙色线拉上来，将其包在针目里面钩织。

14　在原麻色线的第 5 针做最后的引拔时，将原麻色线拉到织物的前侧暂停编织，换成橙色线继续钩织。

要点

这是配色花样的第 5 行完成后从反面看到的状态。渡线方法如图所示。

11 锁链绣字样手提包（作品见 p.18 / 图解见 p.58）

这是钩引拔针做锁链绣的方法。
比起用缝针刺绣更快、更简单。

要点

※ 关于针目的正、反面请参照 p.42

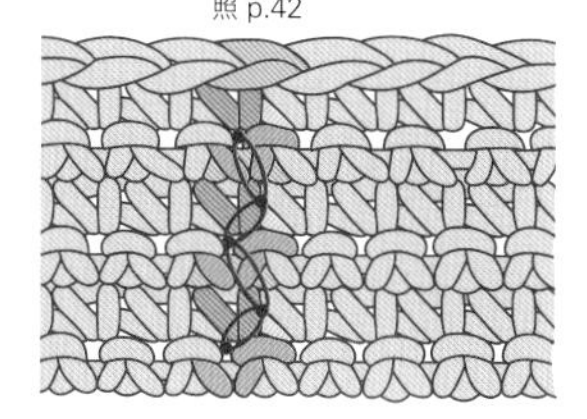

正面行和反面行的入针位置是错开的。

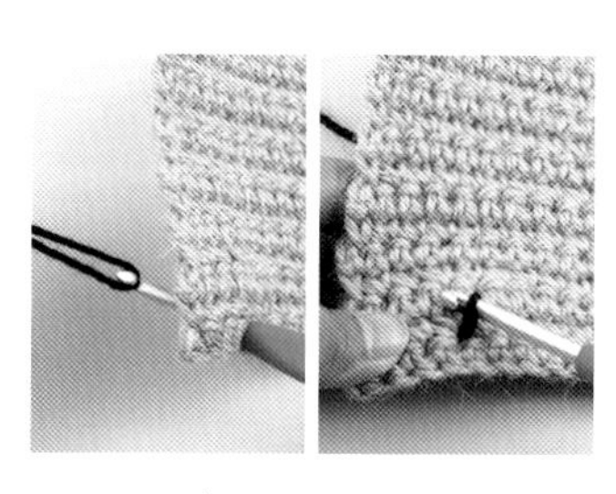

1　从织物的正面向反面插入钩针，挂线后拉出。

2　下个针目也是从正面向反面插入钩针，挂线，引拔穿过针上的线圈。

3　1 针完成。接下来按相同要领继续钩织引拔针。

4　字样的第 1 个笔画完成后的状态。留出 10 cm 左右的线头剪断，将线头拉出至前面。

5　将线头穿入缝针，在最后 1 针的同一个针目里插入缝针。

6　在反面针目里穿几针，缠住线头后剪掉多余部分（做好线头处理）。

7　横向的笔画也按相同要领钩织引拔针。

8　内工字褶设计的手提包（作品见 p.15 / 图解见 p.54、55）

下面是褶子的编织方法。
即使折叠方向不同，编织要领还是一样的。

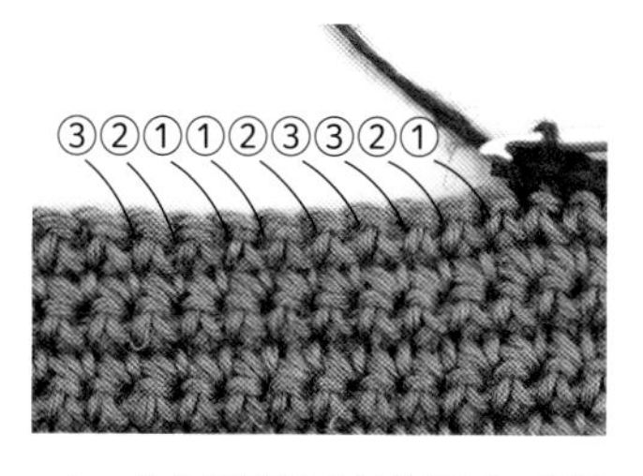

1　此处将编织 3 针的褶子。折叠出褶子，首先在 3 个针目①里插入钩针。

2　在 3 个针目①里插入钩针后的状态。在针头挂线，钩织短针。

3　钩完 1 针短针后的状态。接着分别在 3 个针目②、③里挑针钩织。

4　3 针的褶子完成后的状态。9 针被折叠成了 3 针。

19　圆形花片手提包（作品见 p.30 / 图解见 p.70、71）

下面是一边钩织短针一边连接花片的方法。

1　钩织花片至连接针目的前一针，暂时退出钩针。在待连接花片的短针头部插入钩针，再将刚才的线圈套回到钩针上。

2　将钩针拉出至待连接花片一侧。

3　在下个针目（连接针目）里照常钩织短针。2 片花片连接到了一起。

4　继续钩织，这是第 2 片花片完成后的状态。

作品的制作方法 ※图解中未标注单位的表示长度的数字单位为 cm

1 圆底、短针编织的手提包（作品见 p.6）

材料和工具

KOKUYO 麻线 原麻色（包装线 –35）270 m（1 筒）
钩针 8/0 号

成品尺寸

包口周长 80 cm，深 22 cm

密度

10 cm × 10 cm 面积内：短针 12.5 针，13.5 行

编织要领

●底部环形起针，参照图解一边加针一边钩织 17 圈短针。侧面无须加减针接着钩织 23 圈。然后一边在 2 处制作提手，一边继续钩织 7 圈。

5 加入布艺元素的手提包（作品见 p.12）

材料和工具

KOKUYO 麻线 原麻色（包装线 –35）135 m（1 筒），圆点图案亚麻布（表布）横向 52 cm、纵向 35 cm，素色亚麻布（里布）横向 52 cm、纵向 48 cm，双面黏合衬 横向 5.6 cm、纵向 34 cm
钩针 8/0 号

成品尺寸

包口周长 80 cm，深 22.5 cm（不含提手）

密度

10 cm × 10 cm 面积内：短针 12.5 针，13.5 行

编织要领

●钩织主体的下侧部分。底部环形起针，参照图解一边加针一边钩织 17 圈短针。侧面无须加减针接着钩织 12 圈。
●主体的上侧部分参照缝制方法制作后，与主体的下侧缝合。

5 主体上侧（布料）的缝制方法和组合方法

①参照图示裁剪布料

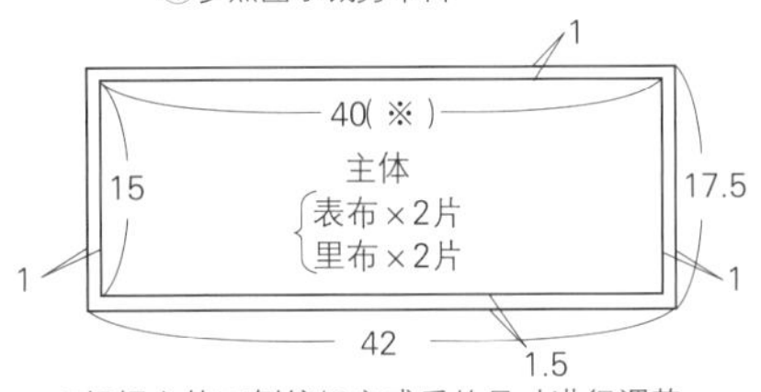

※根据主体下侧编织完成后的尺寸进行调整

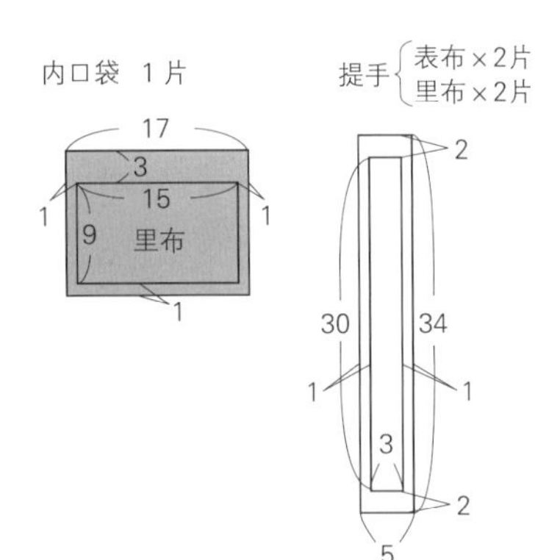

②参照图示折叠内口袋，
将内口袋的3条边（★）缝在主体的1片里布上

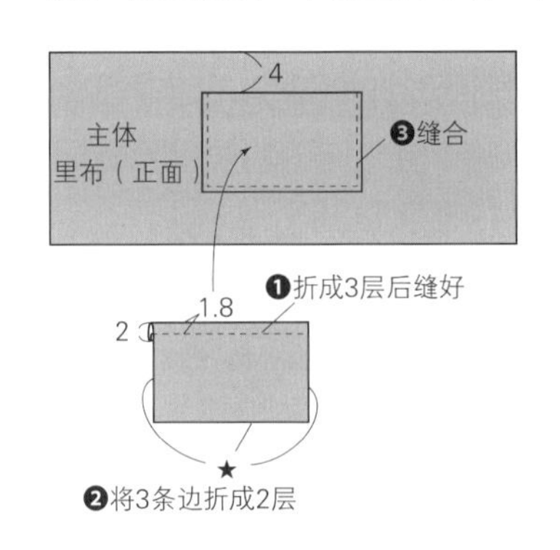

③折叠提手的两侧，在整片里布上粘贴双面黏合衬。
在重叠状态下缝合上、下两端

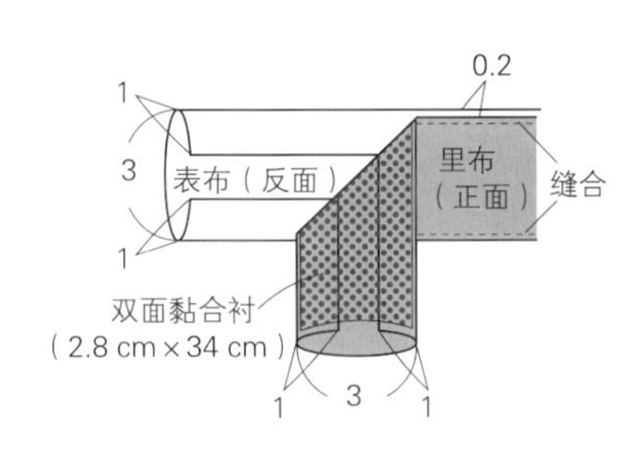

④将主体的2片表布正面相对重叠，缝合两侧。
主体的2片里布也按相同要领缝合

⑤将提手疏缝在主体表布的上端（2处）

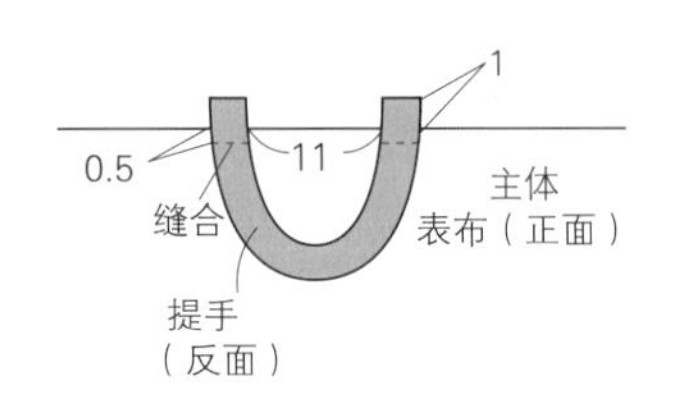

⑥将步骤⑤中缝上提手的表布与步骤④中缝合后的里布正面相对重叠，在上端缝合1圈

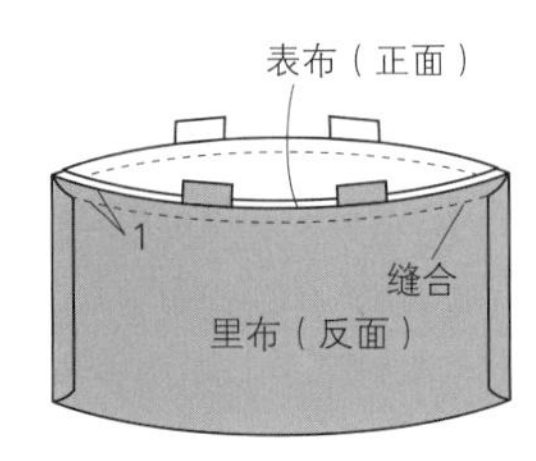

⑦将步骤⑥的部件翻回正面，然后分别在上端和下端缝合1圈

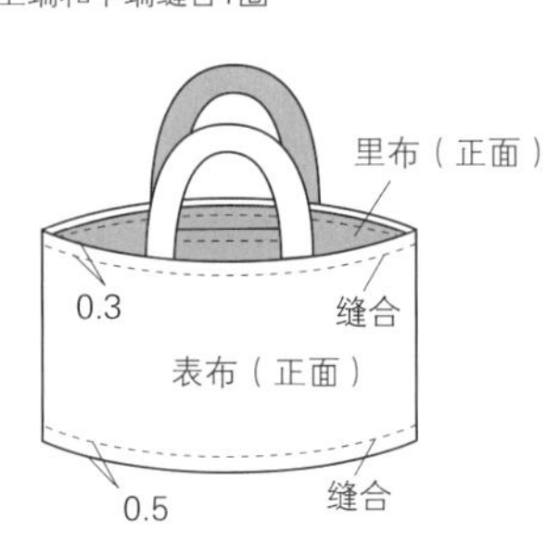

⑧将步骤⑦的部件翻至反面，与织物正面相对缝合

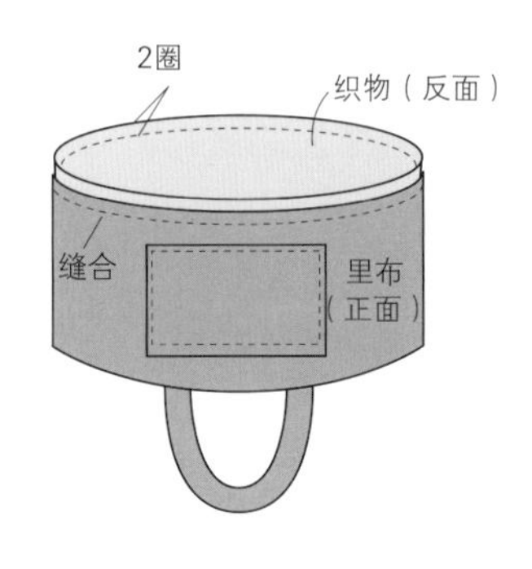

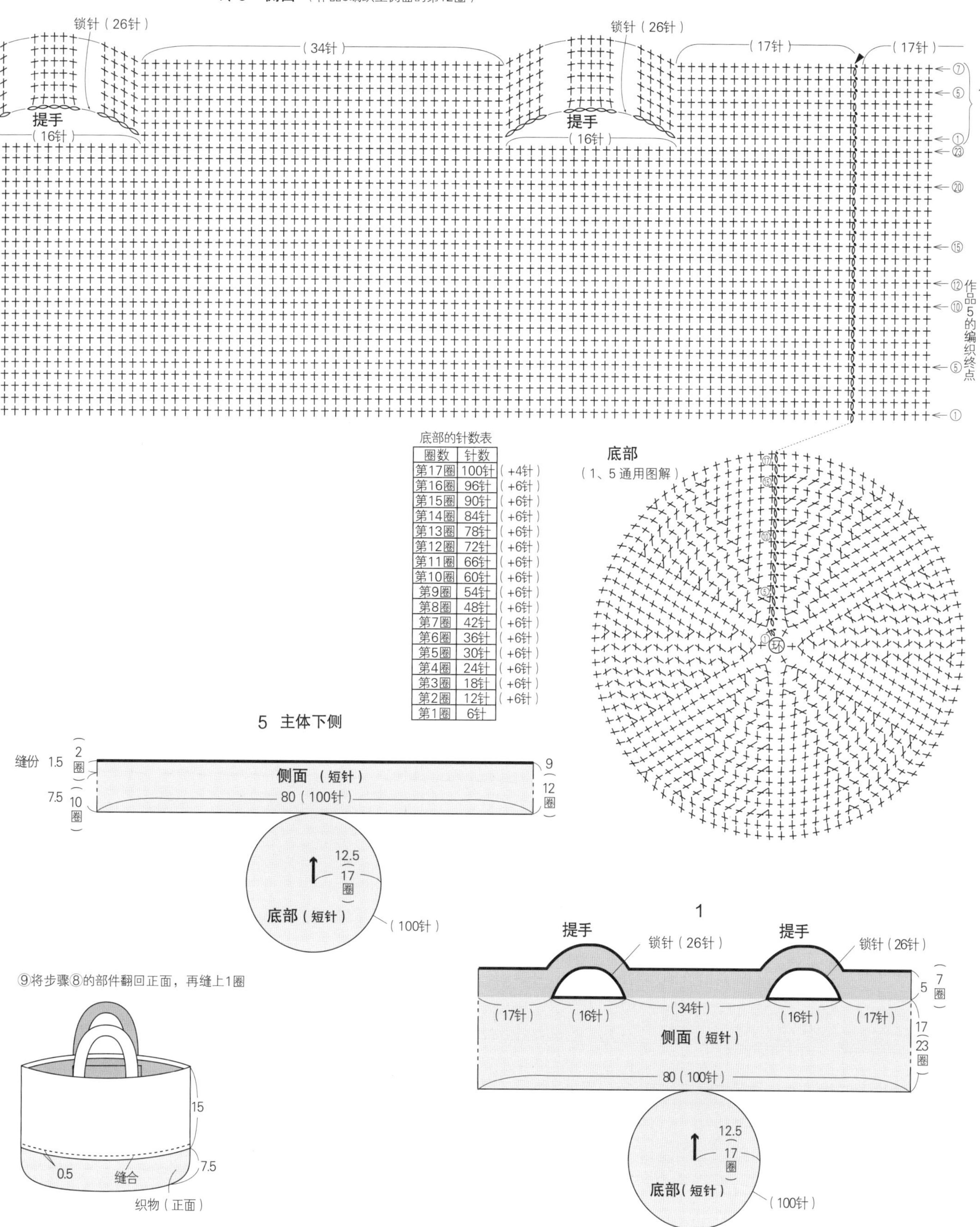

底部的针数表

圈数	针数	
第17圈	100针	（+4针）
第16圈	96针	（+6针）
第15圈	90针	（+6针）
第14圈	84针	（+6针）
第13圈	78针	（+6针）
第12圈	72针	（+6针）
第11圈	66针	（+6针）
第10圈	60针	（+6针）
第9圈	54针	（+6针）
第8圈	48针	（+6针）
第7圈	42针	（+6针）
第6圈	36针	（+6针）
第5圈	30针	（+6针）
第4圈	24针	（+6针）
第3圈	18针	（+6针）
第2圈	12针	（+6针）
第1圈	6针	

2 正方形底、变化的短针编织手提包

（作品见 p.7）

材料和工具

KOKUYO 麻线 原麻色（包装线 –35）304 m（1 筒）

钩针 8/0 号

成品尺寸

包口周长 80 cm，深 21.5 cm（不含提手）

密度

10 cm×10 cm 面积内：短针（底部）12.5 针，13.5 行；变化的短针（侧面）12.5 针，14 行

编织要领

※ 参照 p.45 编织

●底部环形起针，参照图解一边加针一边钩织 13 圈短针。侧面无须加减针接着钩织 30 圈变化的短针。

●提手的内芯钩 32 针锁针起针后，钩织 3 行短针。将第 3 行短针的头部与编织起点的锁针对齐，钩织引拔针连接成环状。

●在提手位置缝上提手的内芯，接着将内芯包在里面钩织 42 针短针。最后将线头缝在侧面并做好线头处理。

6 加入皮革元素的手提包

（作品见 p.13）

材料和工具

KOKUYO 麻线 原麻色（包装线 –35）256 m（1 筒），绒面革 22 cm×28 cm

钩针 8/0 号，锥子，黏合剂，皮革用手缝麻线，皮革用手缝针

成品尺寸

包口周长 80 cm，深 22.5 cm

密度

10 cm×10 cm 面积内：短针 12.5 针，13.5 行

编织要领

●底部环形起针，参照图解一边加针一边钩织 13 圈短针。侧面无须加减针接着钩织 24 圈短针。然后在提手位置加线钩织锁针（2 处），一边制作提手一边继续钩织 6 圈。将提手中间的 17 针对折后缝合。

●参照外包皮革的缝制方法和组合方法，将提手外皮包在提手上缝好，再在底角位置缝上包角。

6 外包皮革的缝制方法和组合方法

①参照图示裁剪皮革

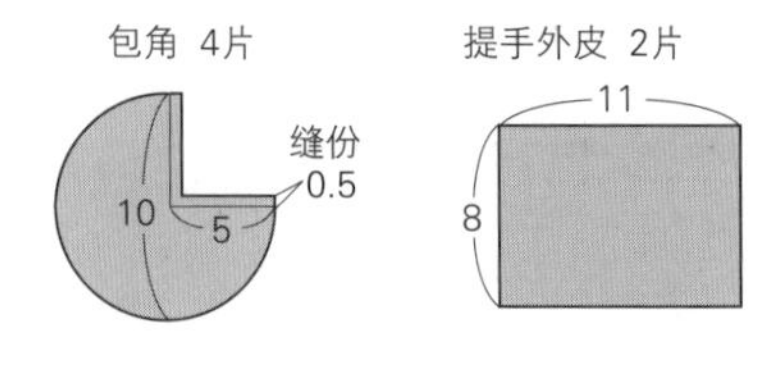

②用锥子等工具在提手外皮上等间距地戳出小孔

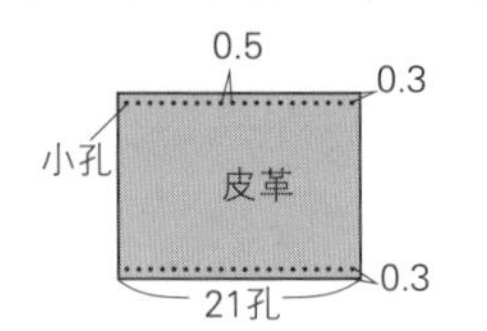

③用锥子等工具在包角上等间距地戳出小孔，将★部分正面相对缝合。在缝份的反面涂上黏合剂，打开缝份。在包角的反面涂上薄薄的一层黏合剂（涂至小孔内侧边缘），粘贴在包包的4个转角位置

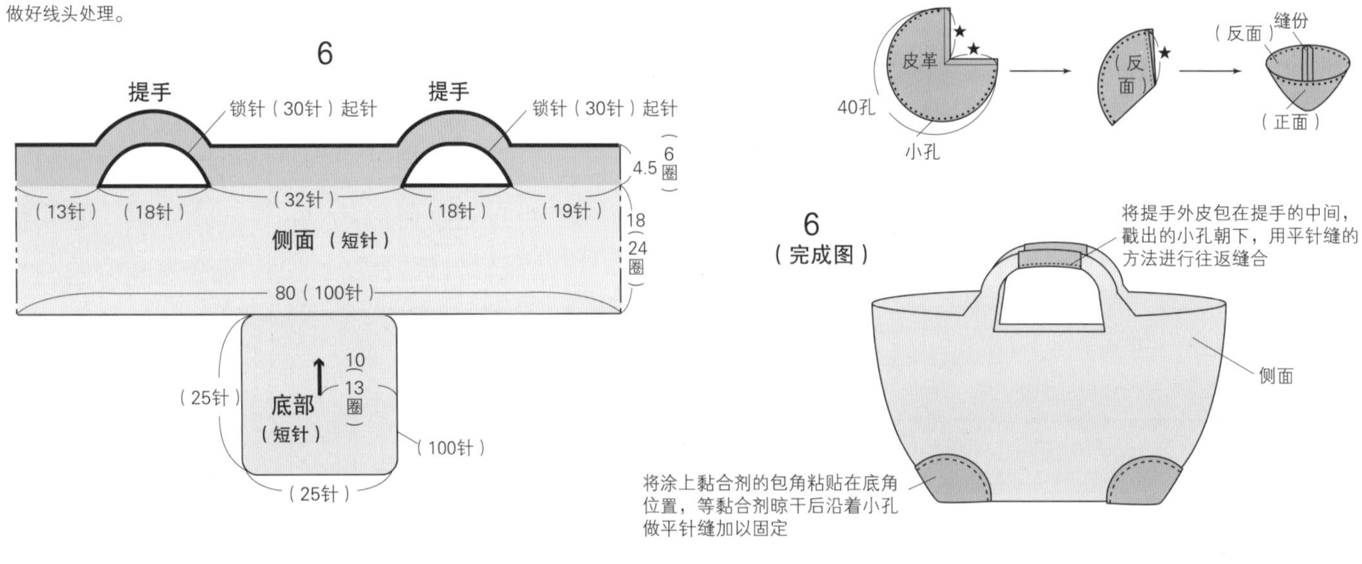

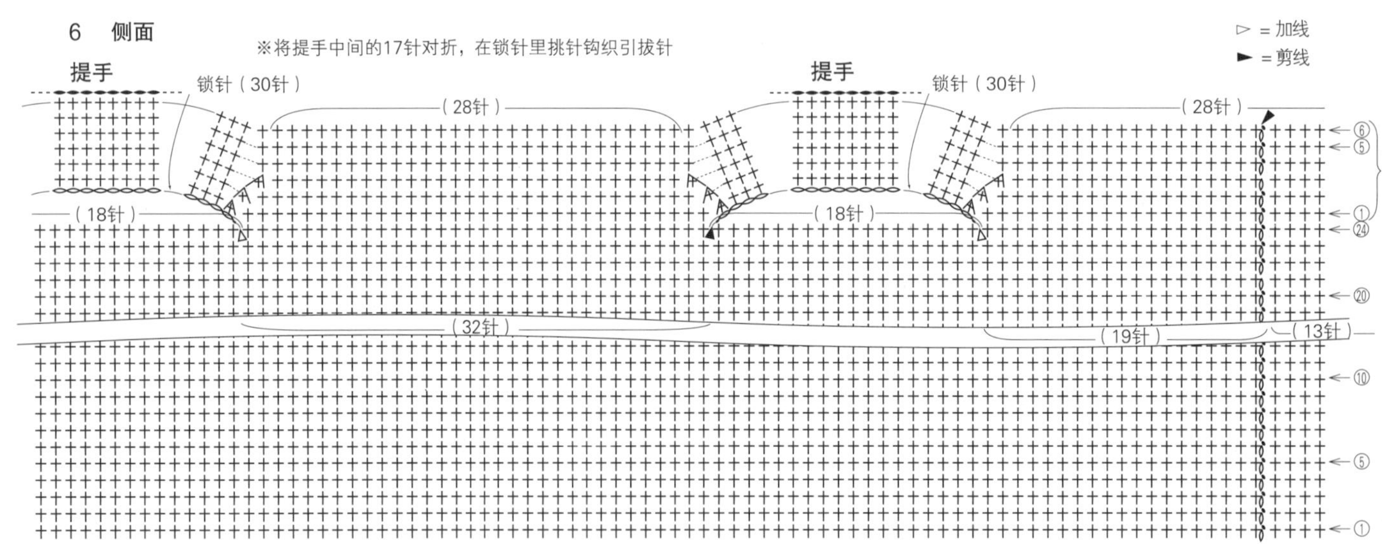

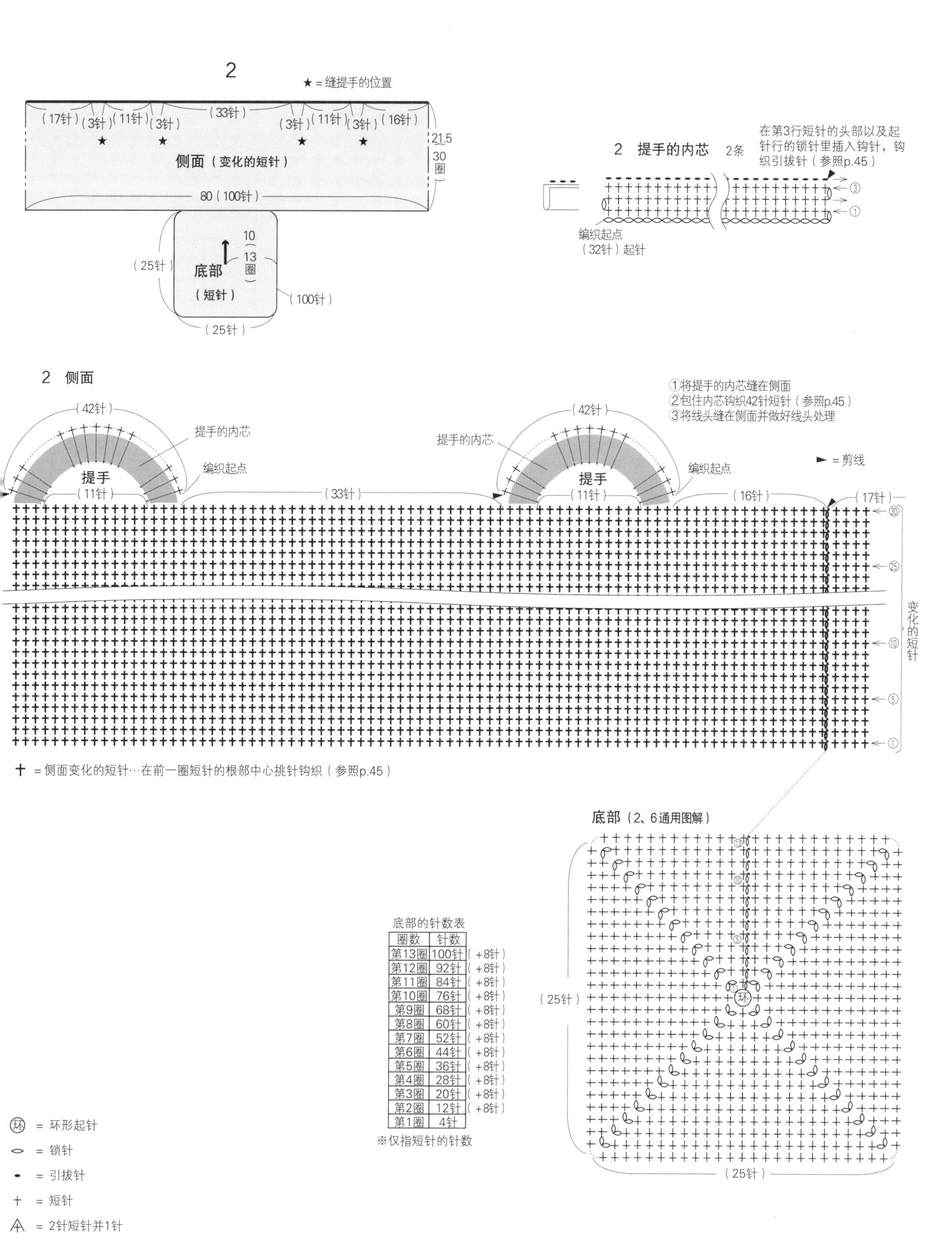

底部的针数表

圈数	针数	
第13圈	100针	（+8针）
第12圈	92针	（+8针）
第11圈	84针	（+8针）
第10圈	76针	（+8针）
第9圈	68针	（+8针）
第8圈	60针	（+8针）
第7圈	52针	（+8针）
第6圈	44针	（+8针）
第5圈	36针	（+8针）
第4圈	28针	（+8针）
第3圈	20针	（+8针）
第2圈	12针	（+8针）
第1圈	4针	

※仅指短针的针数

3 椭圆形底、拉针竖条纹花样手提包
（作品见 p.8）

材料和工具
KOKUYO 麻线 原麻色（包装线 -35）270 m（1筒）
钩针 8/0 号

成品尺寸
包口周长 80 cm，深 18 cm（不含提手）

密度
10 cm×10 cm 面积内：短针 12.5 针，13.5 行；编织花样 12.5 针，17 行

编织要领
●底部钩 28 针锁针起针，参照图解做环状的往返编织，一边加针一边钩织 8 圈短针。侧面无须加减针接着钩织 2 圈短针、25 圈编织花样、4 圈短针。钩织编织花样中长针的正拉针时，跳过前一圈的锁针，在前 2 圈挑针钩织。
●在提手位置加线钩 40 针锁针后，接着在外侧钩织 9 行引拔针（2 处）。

7 外工字褶设计的手提包 （作品见 p.14）

材料和工具
HAMANAKA Comacoma 黄色（3）245 g（7 团），白色（1）70 g（2 团）；皮革 直径 3 cm
钩针 8/0 号

成品尺寸
包口周长 58 cm，深 22 cm（不含提手）

密度
10 cm×10 cm 面积内：短针 13 针，16 行

编织要领
●底部钩 28 针锁针起针，参照图解做环状的往返编织，一边加针一边钩织 8 圈短针。侧面无须加减针接着钩织 28 圈短针。
●换线。钩织第 1 圈时，参照图解将 9 针（★、☆）折叠成 3 针的褶子，在 3 层针目里挑针钩织。无须加减针钩织 6 圈。
●在提手编织起点位置加线钩 76 针锁针，参照图解在内侧钩织 4 行短针。
●在扣襻位置加线，参照图解钩织 3 行。
●在提手的外侧钩织 3 行短针，第 4 行将包口和扣襻的外侧连起来钩织 1 圈。

○ = 锁针
• = 引拔针
+ = 短针
长针的正拉针

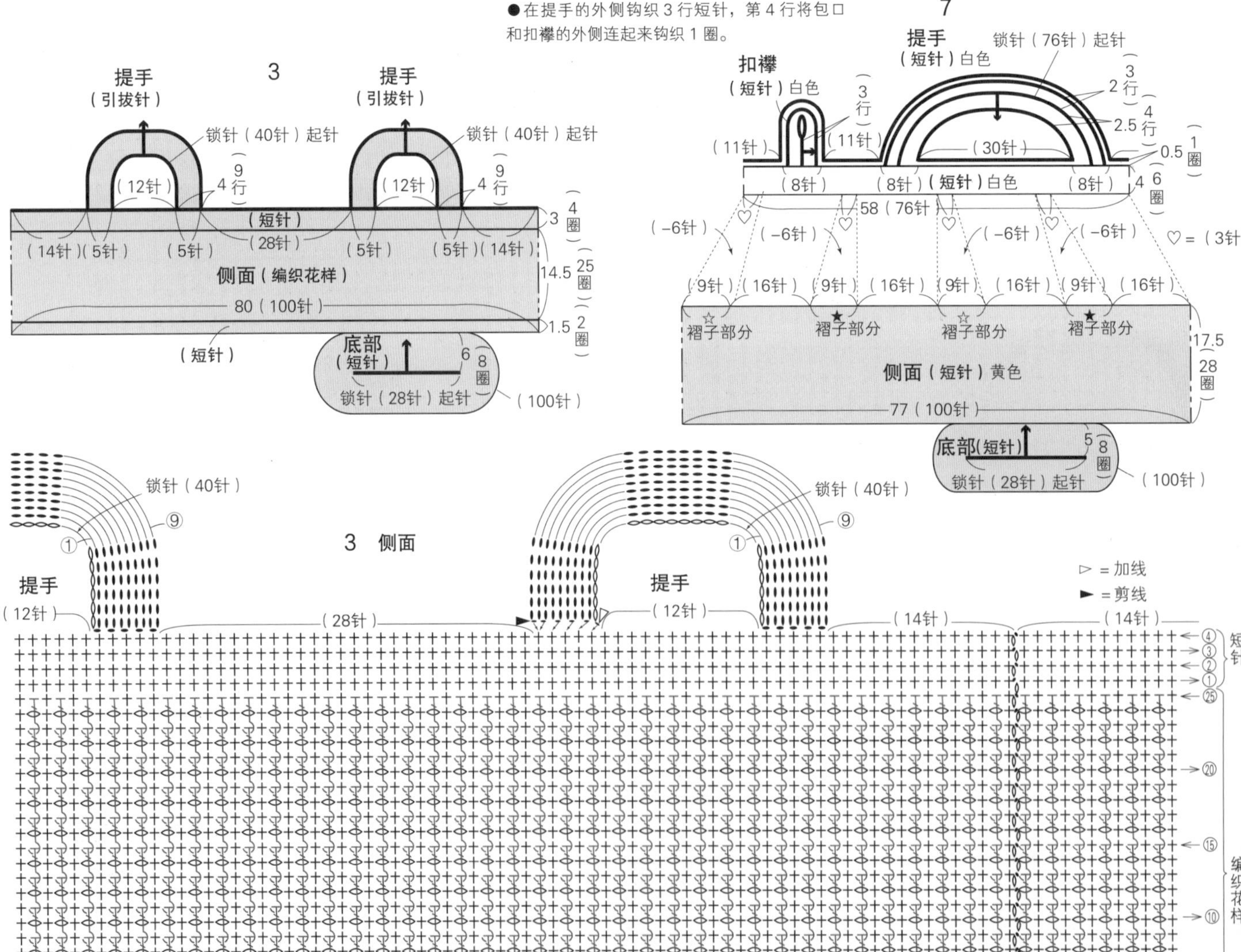

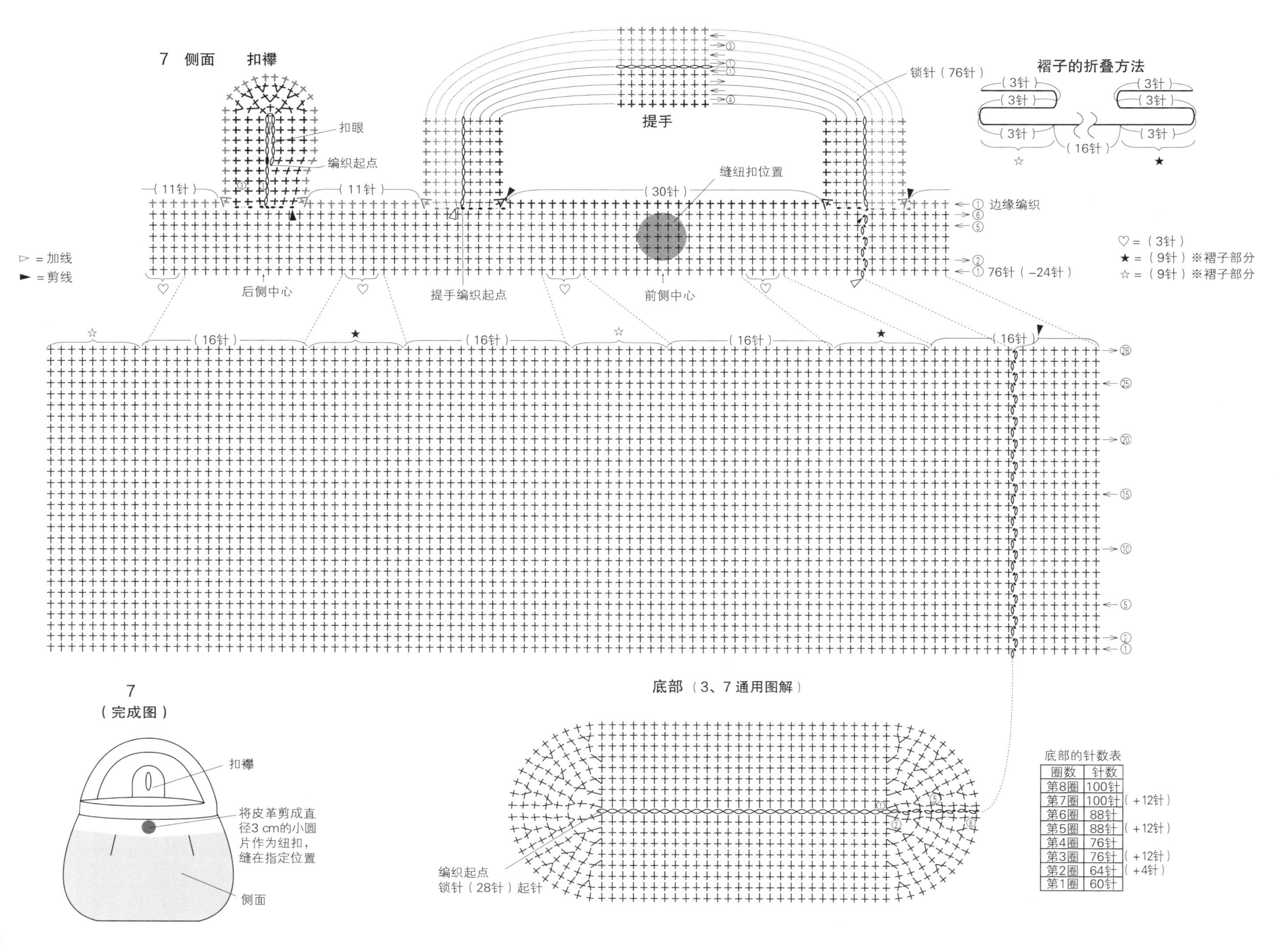

底部的针数表

圈数	针数	
第8圈	100针	
第7圈	100针	（+12针）
第6圈	88针	
第5圈	88针	（+12针）
第4圈	76针	
第3圈	76针	（+12针）
第2圈	64针	（+4针）
第1圈	60针	

4 长方形底、竹篮花样手提包

（作品见 p.9）

材料和工具

KOKUYO 麻线 原麻色（包装线 -35）245 m（1 筒）

钩针 8/0 号

成品尺寸

包口周长 80 cm，深 20 cm（不含提手）

密度

10 cm×10 cm 面积内：短针 12.5 针，13.5 行；编织花样 12.5 针，8 行

编织要领

●底部钩 21 针锁针起针，参照图解做环状的往返编织，一边加针一边钩织 8 圈短针。侧面无须加减针接着钩织 4 圈短针、11 圈编织花样、4 圈短针。

●在提手位置加线钩 36 针锁针后，接着在外侧钩织 5 行短针（2 处）。

8 内工字褶设计的手提包

（作品见 p.15）

材料和工具

HAMANAKA Comacoma 红色（7）210g（6 团），卡其色（15）105g（3 团）；直径 2.1cm 的子母扣 1 组

钩针 8/0 号

成品尺寸

包口周长 58 cm，深 22cm（不含提手）

密度

10cm×10cm 面积内：短针 13 针，16 行

编织要领

●底部钩 21 针锁针起针，参照图解做环状的往返编织，一边加针一边钩织 8 圈短针。侧面无须加减针接着钩织 28 圈的短针条纹花样。

●换线。钩织第 1 圈时，参照图解将 9 针（★、☆）折叠成 3 针的褶子，在 3 层针目里挑针钩织。无须加减针钩织 6 圈。

●在提手编织起点位置加线，钩织 18 行短针（2 处），其中一处的编织终点留出 50cm 长的线头。用留出的线头将编织终点的◎部分做卷针缝缝合。做边缘编织时，分别在提手的两侧钩织 1 圈，外侧与包口连起来钩织。

●将子母扣缝在指定位置的反面。

⬭ = 锁针
• = 引拔针
＋ = 短针
T = 中长针
Ŧ = 长针
Ѧ = 2针长针并1针
Ŧ = 长长针

4

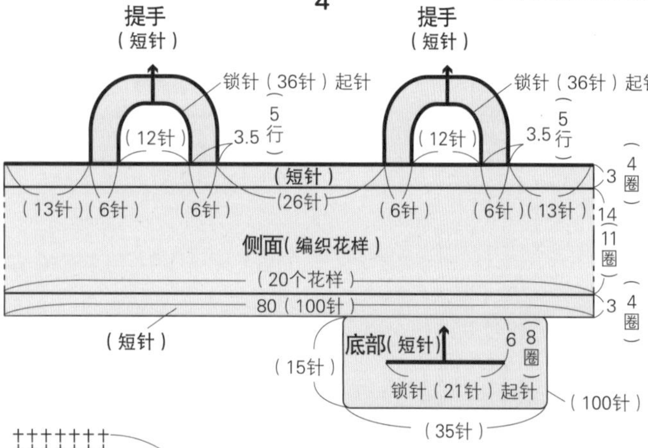

提手（短针）

锁针（36针）起针

5 行 3.5

（12针）

（短针） 3 4圈

（13针）（6针） （6针） （26针） （6针） （6针）（13针）

侧面（编织花样） 14 11圈

（20个花样）

80（100针） 3 4圈

（短针）

底部（短针） 6 8圈

（15针） 锁针（21针）起针 （100针）

（35针）

8

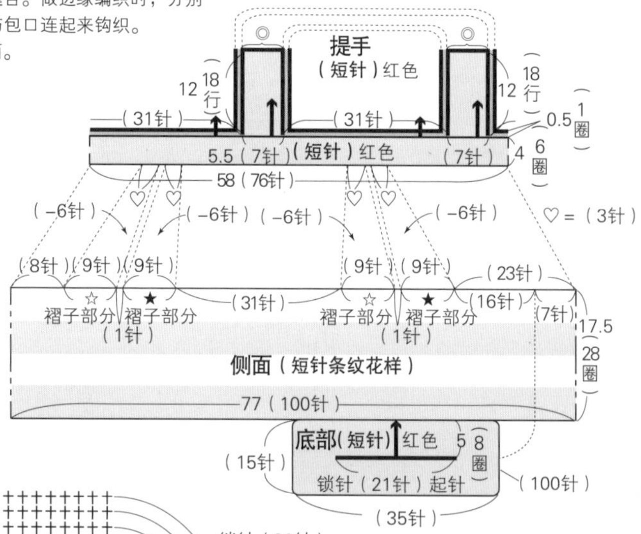

提手（短针）红色

12 18行

（31针） （31针）

5.5（7针）（短针）红色 （7针） 4 6圈 0.5 1圈

58（76针）

♡ = （3针）

（-6针） （-6针） （-6针） （-6针）

（8针）（9针）（9针） （9针）（9针） （23针）

☆ ★ （31针） ☆ ★ （16针） （7针）

褶子部分 褶子部分 （1针） 褶子部分 褶子部分 （1针）

侧面（短针条纹花样） 17.5 28圈

77（100针）

底部（短针）红色 5 8圈

（15针） 锁针（21针）起针 （100针）

（35针）

4 侧面

锁针（36针） 锁针（36针）

提手 提手

（12针） （26针） （12针） （13针） （13针）

▷ = 加线
▶ = 剪线

短针 编织花样 短针

5针1个花样

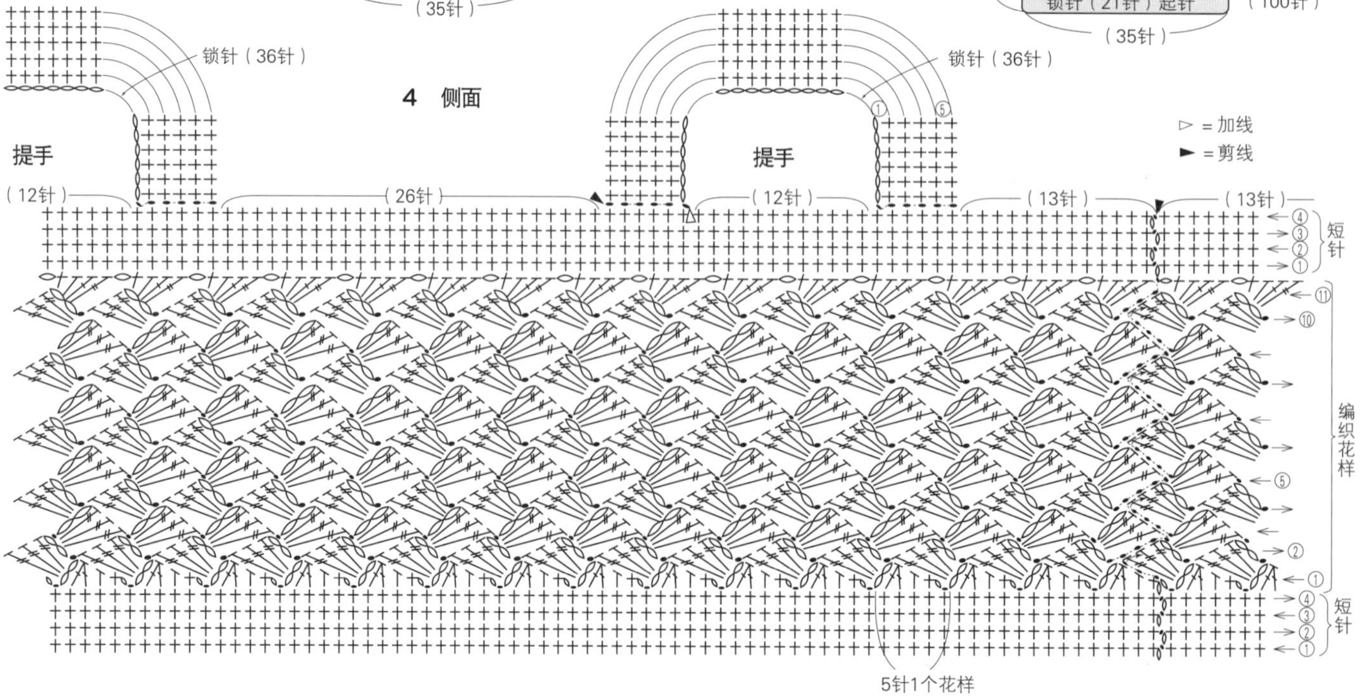

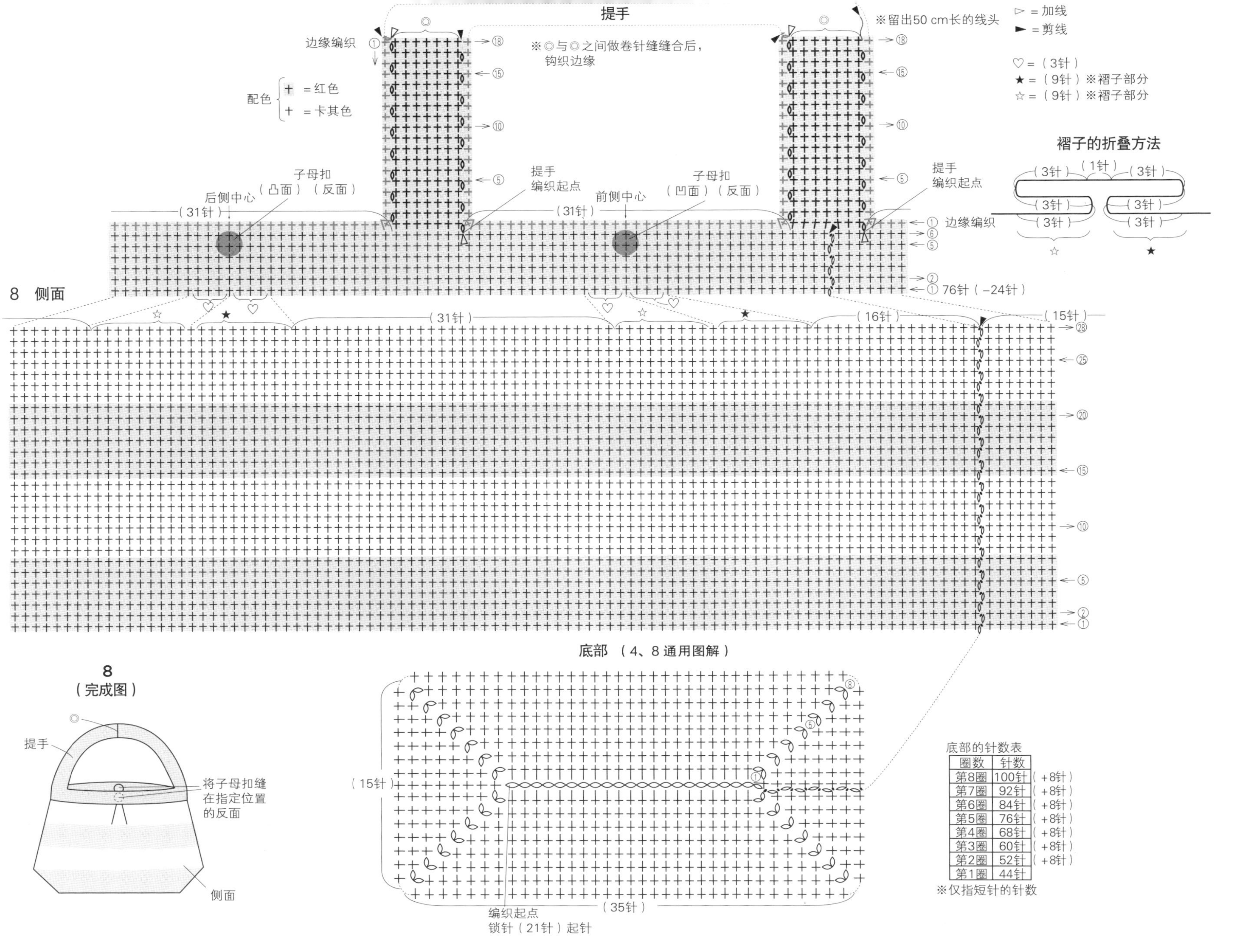

底部的针数表

圈数	针数	
第8圈	100针	（+8针）
第7圈	92针	（+8针）
第6圈	84针	（+8针）
第5圈	76针	（+8针）
第4圈	68针	（+8针）
第3圈	60针	（+8针）
第2圈	52针	（+8针）
第1圈	44针	

※仅指短针的针数

9 太平洋波纹手提包

（作品见 p.16）

材料和工具

DARUMA 麻线 蓝色（10）225 m（3 团），白色（11）85 m（1 团）

钩针 8/0 号

成品尺寸

包口周长 77 cm，深 21.5 cm

密度

10 cm×10 cm 面积内：短针 13 针，14 行；短针配色花样 13 针，12 行

编织要领

●底部环形起针，参照图解一边加针一边钩织 17 圈短针。侧面无须加减针接着钩织 3 圈短针、18 圈短针配色花样、1 圈短针。

●参照图解，在★部分钩织 5 行短针，在第 5 行的最后紧接着钩织提手部分的 30 针锁针（2 处）。

●提手及包口部分参照图解钩织 5 圈短针。

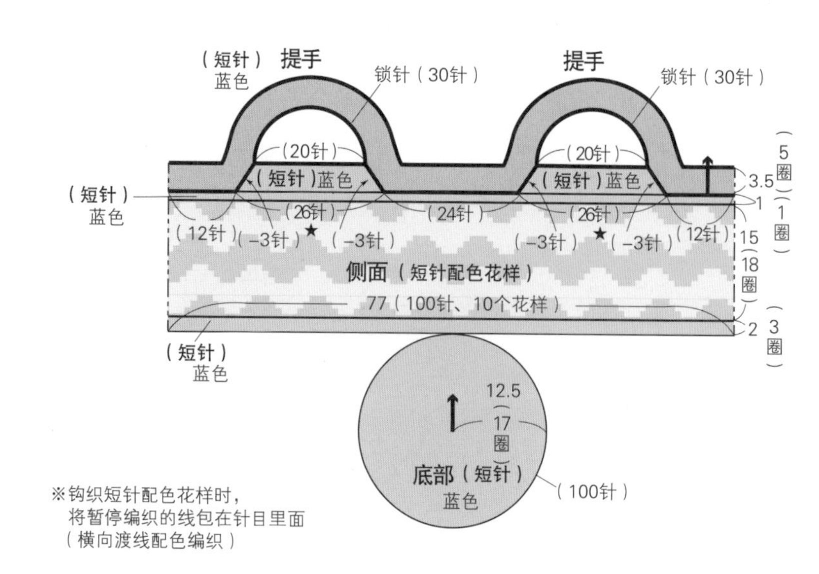

※钩织短针配色花样时，将暂停编织的线包在针目里面（横向渡线配色编织）

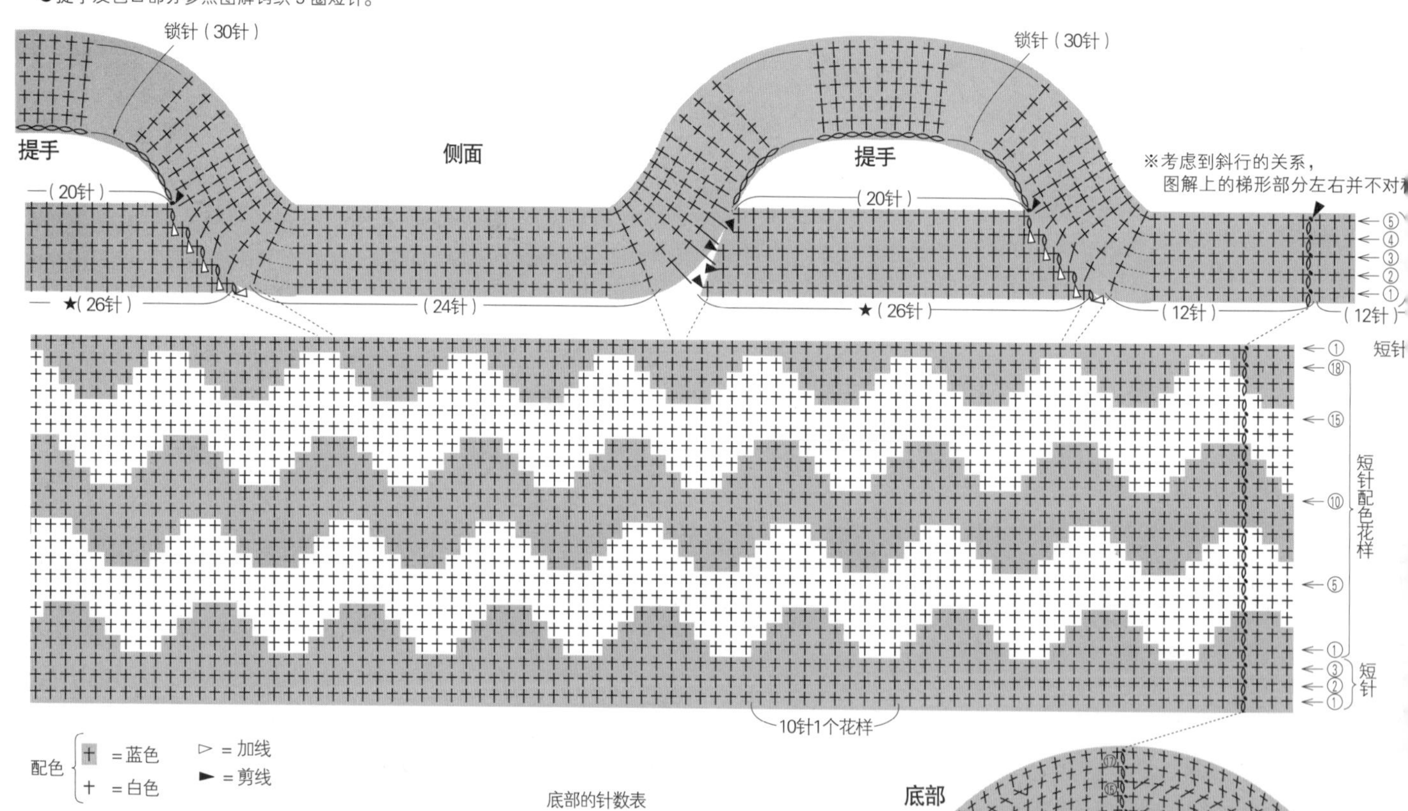

底部的针数表

圈数	针数	
第17圈	100针	（+4针）
第16圈	96针	（+6针）
第15圈	90针	（+6针）
第14圈	84针	（+6针）
第13圈	78针	（+6针）
第12圈	72针	（+6针）
第11圈	66针	（+6针）
第10圈	60针	（+6针）
第9圈	54针	（+6针）
第8圈	48针	（+6针）
第7圈	42针	（+6针）
第6圈	36针	（+6针）
第5圈	30针	（+6针）
第4圈	24针	（+6针）
第3圈	18针	（+6针）
第2圈	12针	（+6针）
第1圈	6针	

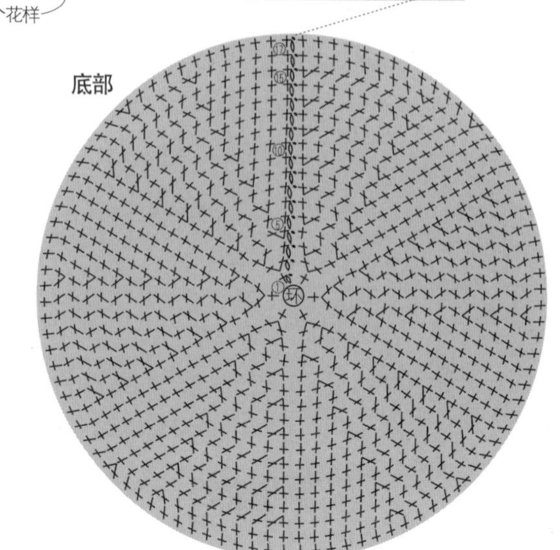

环 = 环形起针

○ = 锁针

• = 引拔针

+ = 短针

10 日本海波纹手提包

（作品见 p.17）

材料和工具

DARUMA 麻线 藏青色（3）200 m（2 团），浅蓝色（14）70 m（1 团）

钩针 8/0 号

成品尺寸

包口周长 77 cm，深 21.5 cm

密度

10 cm×10 cm 面积内：短针 13 针，14 行；短针配色花样 13 针，12 行

编织要领

●底部环形起针，参照图解一边加针一边钩织 13 圈短针。侧面无须加减针接着钩织 2 圈短针、20 圈短针配色花样。

●参照图解，在★部分钩织 5 行短针，在第 5 行的最后紧接着钩织提手部分的 30 针锁针（2 处）。

●提手及包口部分参照图解钩织 5 圈短针。

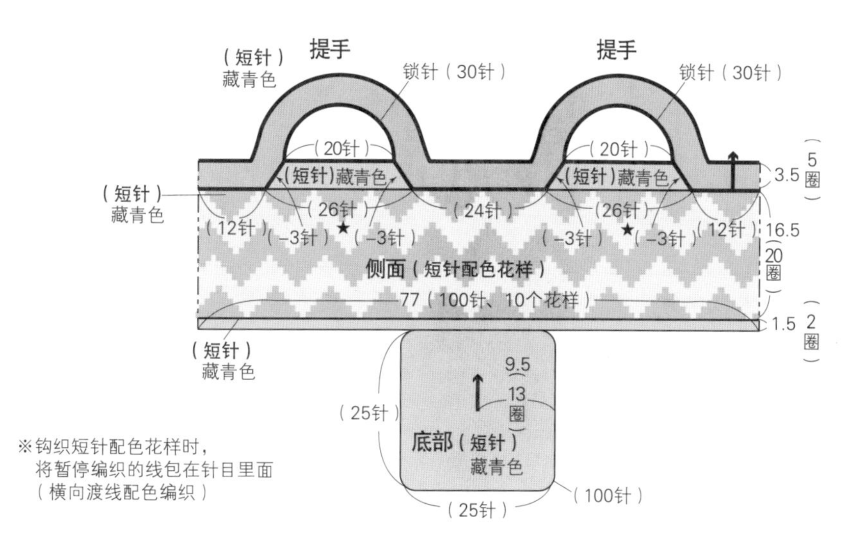

※钩织短针配色花样时，将暂停编织的线包在针目里面（横向渡线配色编织）

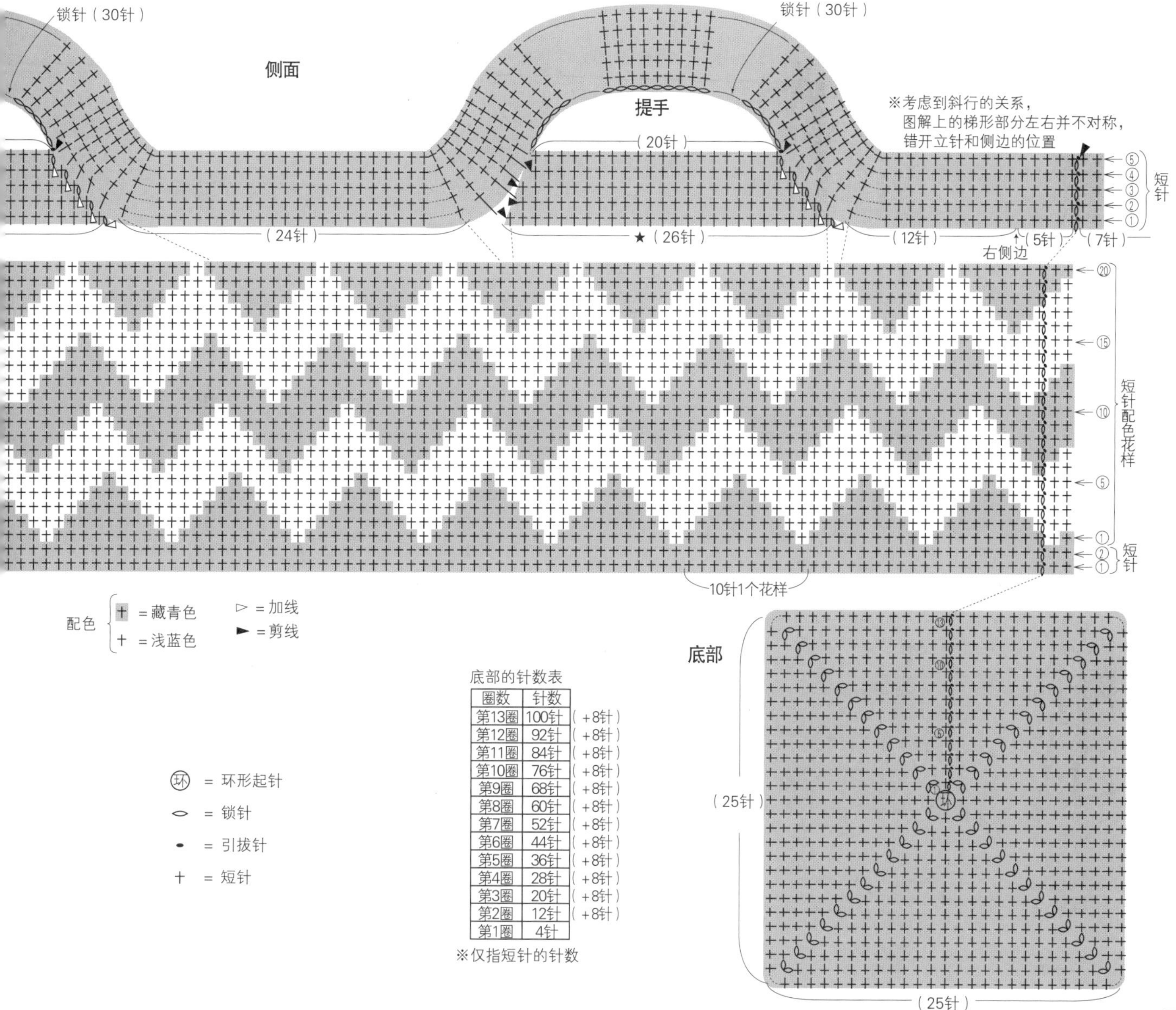

底部的针数表

圈数	针数	
第13圈	100针	（+8针）
第12圈	92针	（+8针）
第11圈	84针	（+8针）
第10圈	76针	（+8针）
第9圈	68针	（+8针）
第8圈	60针	（+8针）
第7圈	52针	（+8针）
第6圈	44针	（+8针）
第5圈	36针	（+8针）
第4圈	28针	（+8针）
第3圈	20针	（+8针）
第2圈	12针	（+8针）
第1圈	4针	

※仅指短针的针数

11 锁链绣字样手提包

（作品见 p.18）

材料和工具

MARCHENART JUTE RAMIE 原麻色（551）335 m（6 团），黑色（555）6.5 m（1 小团）

钩针 8/0 号

成品尺寸

包口周长 80 cm，深 22.5 cm（不含提手）

密度

10 cm × 10 cm 面积内：短针 12.5 针，14.5 行

编织要领

●底部钩 28 针锁针起针，参照图解做环状的往返编织，一边加针一边钩织 8 圈短针。侧面无须加减针接着钩织 32 圈。

●分别在提手位置加线，一边减针一边钩织 20 行（4 处）。用留出的线头将★与★、☆与☆做卷针缝缝合。再在提手周围钩织 1 圈边缘（3 处）。

●在侧面钩织引拔针加入文字。

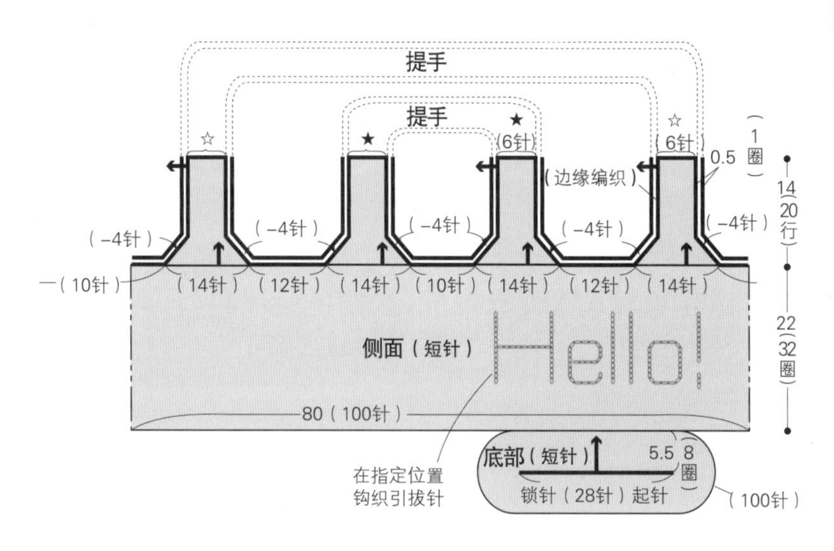

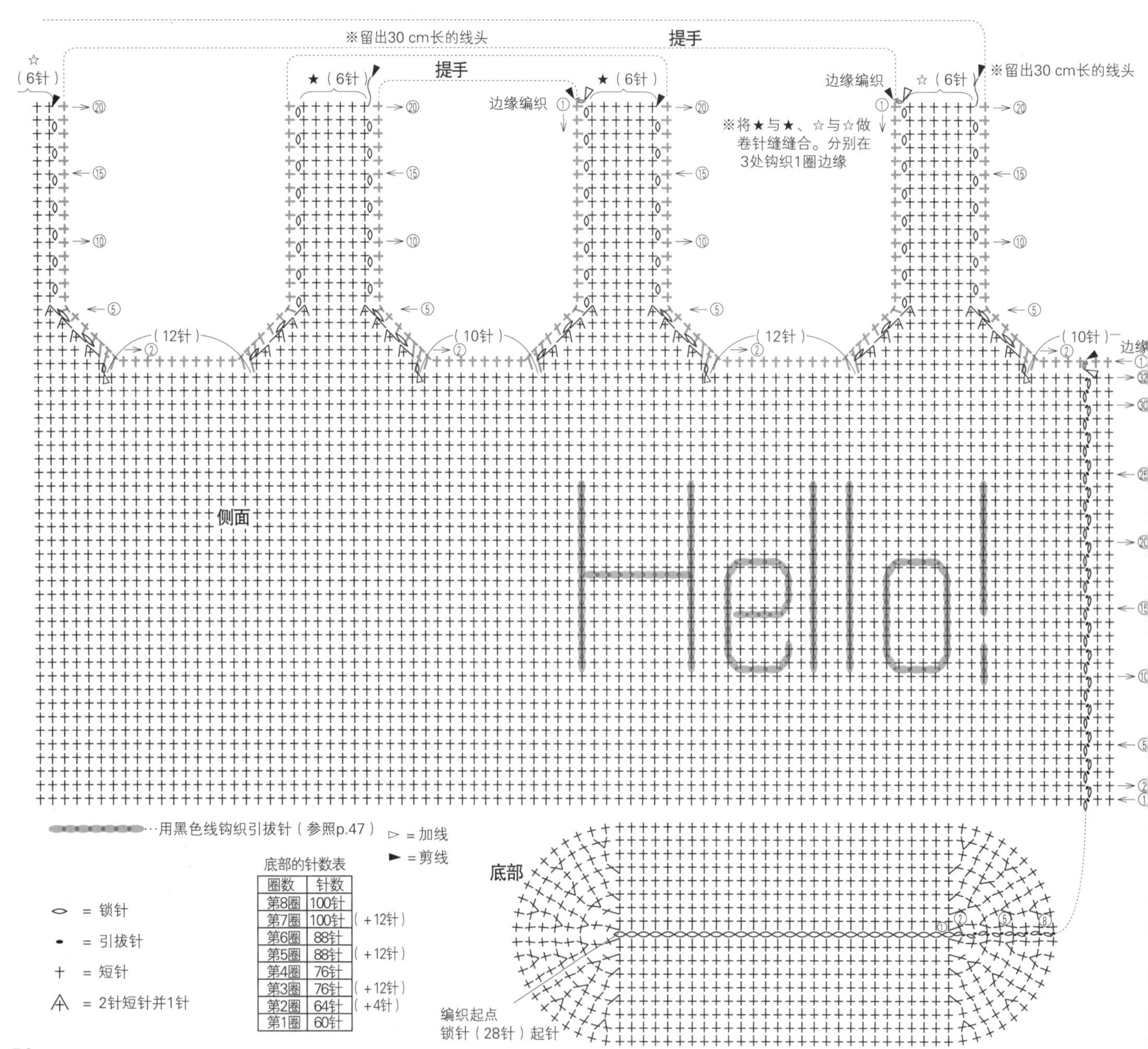

…用黑色线钩织引拔针（参照p.47）

▷ = 加线

► = 剪线

锁针 = 锁针

• = 引拔针

＋ = 短针

⩓ = 2针短针并1针

底部的针数表

圈数	针数	
第8圈	100针	
第7圈	100针	（＋12针）
第6圈	88针	
第5圈	88针	（＋12针）
第4圈	76针	
第3圈	76针	（＋12针）
第2圈	64针	（＋4针）
第1圈	60针	

12 十字绣熊猫手提包

（作品见 p.19）

（作品见 p.19）

材料和工具

MARCHENART JUTE RAMIE 原麻色（551）340 m（6 团），MARCHENART HEMP TWINE（细）黑色（326）10 m（1 卷）

钩针 8/0 号

成品尺寸

包口周长 80 cm，深 28.5 cm

密度

10 cm × 10 cm 面积内：短针 12.5 针，14.5 行

编织要领

●底部钩 21 针锁针起针，参照图解做环状的往返编织，一边加针一边钩织 8 圈短针。侧面无须加减针接着钩织 32 圈。在指定位置加线，分成 2 处钩织 4 行提手以外的部分。第 5 行在指定位置加线，参照图解钩织至第 9 行。

●分别在提手内侧加线，钩织 1 圈边缘（2 处）。

●在侧面的指定位置做十字绣。

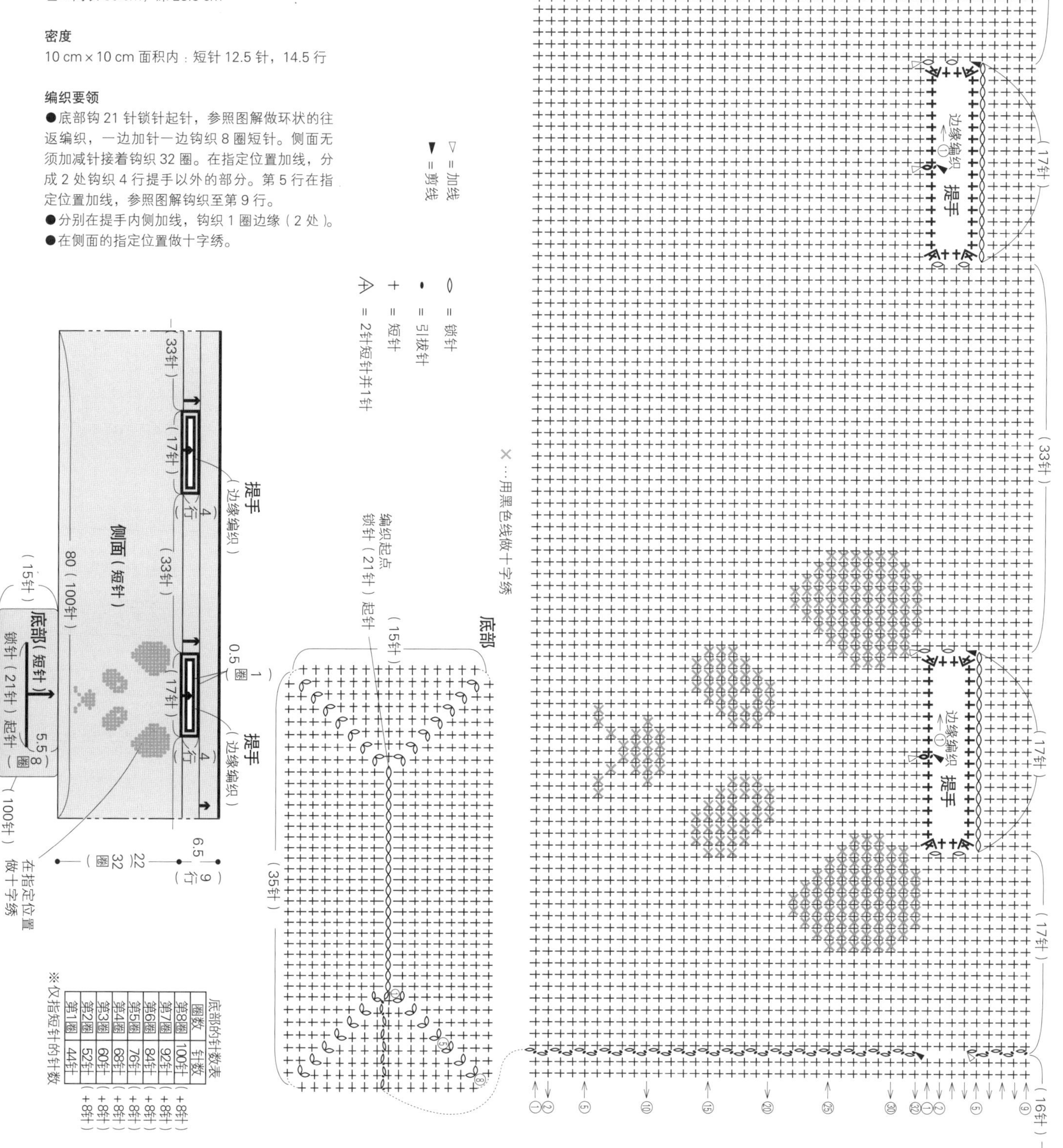

底部的针数表

圈数	针数	
第8圈	100针	（+8针）
第7圈	92针	（+8针）
第6圈	84针	（+8针）
第5圈	76针	（+8针）
第4圈	68针	（+8针）
第3圈	60针	（+8针）
第2圈	52针	（+8针）
第1圈	44针	

※仅指短针的针数

13 豹纹手提包

（作品见 p.20）

材料和工具

DARUMA 麻线 原麻色（1）160 m（2 团），黑色（4）50 m（1 团），茶色（2）35 m（1 团）；2.5 cm 宽的皮革（黑色）78 cm

钩针 8/0 号，锥子，皮革用手缝麻线，皮革用手缝针

成品尺寸

包口周长 77 cm，深 17 cm（不含提手）

密度

10 cm × 10 cm 面积内：短针 13 针，14 行；短针配色花样 13 针，12 行

编织要领

● 底部环形起针，参照图解一边加针一边钩织 17 圈短针。侧面无须加减针接着钩织 20 圈的短针配色花样。

● 参照皮革提手的制作方法，在指定位置缝上提手。

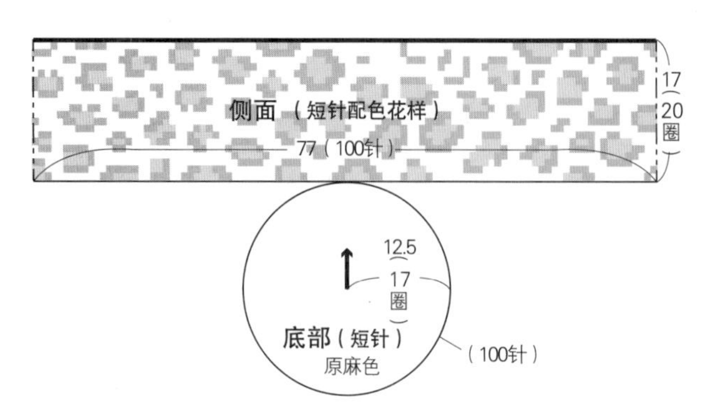

※钩织短针配色花样时，
将暂停编织的2根线包在针目里面
（横向渡线配色编织）

皮革提手的制作方法

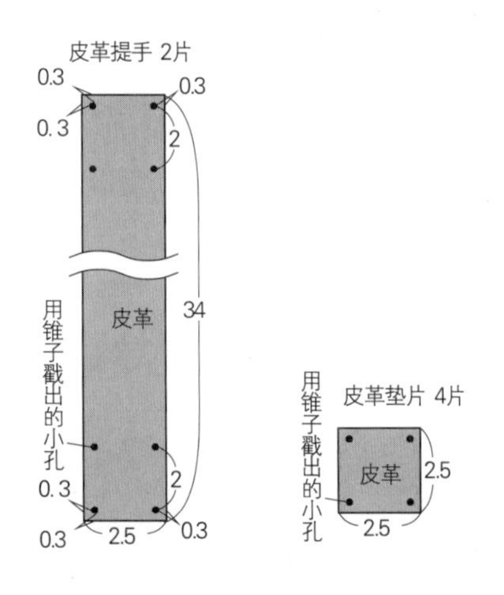

①剪下指定片数的皮革提手和皮革垫片，
用锥子戳出穿线用的小孔

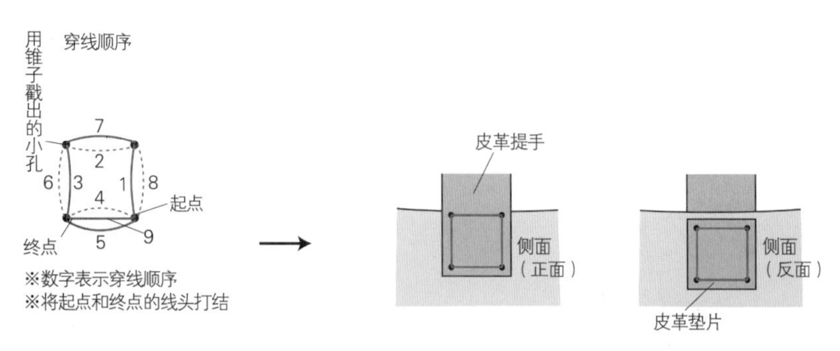

②将皮革提手放在侧面（正面）的指定位置，
在反面对应位置重叠皮革垫片，参照穿线顺序进行缝合

（完成图）

参照图示
缝上提手

侧面

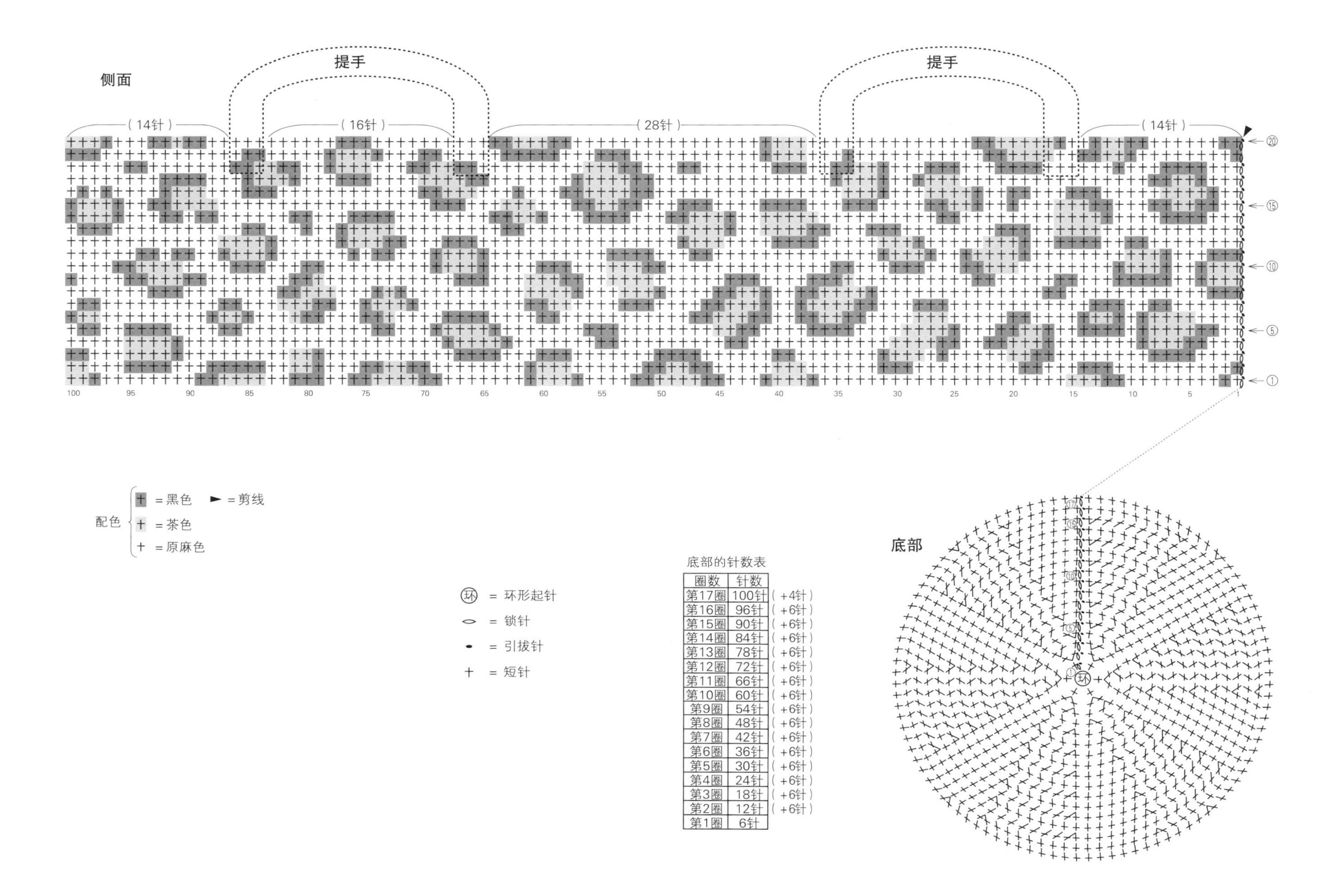

底部的针数表

圈数	针数	
第17圈	100针	(+4针)
第16圈	96针	(+6针)
第15圈	90针	(+6针)
第14圈	84针	(+6针)
第13圈	78针	(+6针)
第12圈	72针	(+6针)
第11圈	66针	(+6针)
第10圈	60针	(+6针)
第9圈	54针	(+6针)
第8圈	48针	(+6针)
第7圈	42针	(+6针)
第6圈	36针	(+6针)
第5圈	30针	(+6针)
第4圈	24针	(+6针)
第3圈	18针	(+6针)
第2圈	12针	(+6针)
第1圈	6针	

14 迷彩纹手提包
（作品见 p.21）

材料和工具

DARUMA 麻线 绿色（13）100 m（1 团），茶色（2）50 m（1 团），原麻色（1）、黑色（4）各 40 m（1 团）；5 cm 宽的皮革（黑色）37 cm

钩针 8/0 号，锥子，皮革用手缝麻线，皮革用手缝针

成品尺寸

包口周长 77 cm，深 17 cm（不含提手）

密度

10 cm × 10 cm 面积内：短针 13 针，14 行；短针配色花样 13 针，12 行

编织要领

●底部环形起针，参照图解一边加针一边钩织 13 圈短针。侧面无须加减针接着钩织 20 圈的短针配色花样。

●参照皮革提手的制作方法，在指定位置缝上提手。

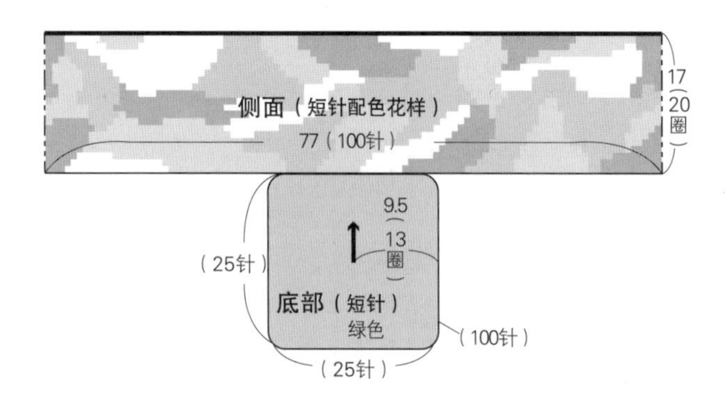

※钩织短针配色花样时，
将暂停编织的3根线包在针目里面
（横向渡线配色编织）

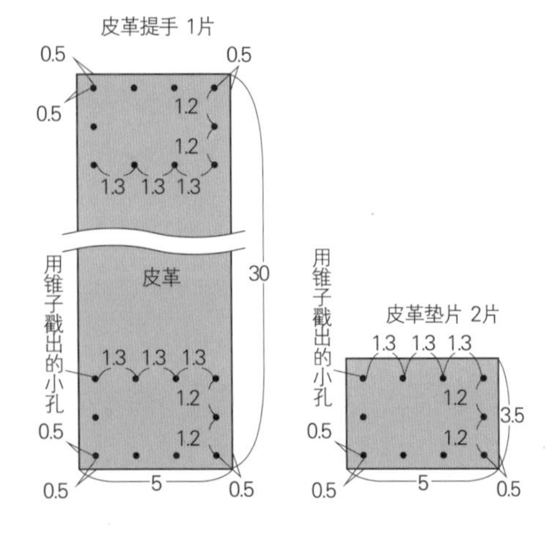

①剪下指定片数的皮革提手和皮革垫片，
用锥子戳出穿线用的小孔

皮革提手的制作方法

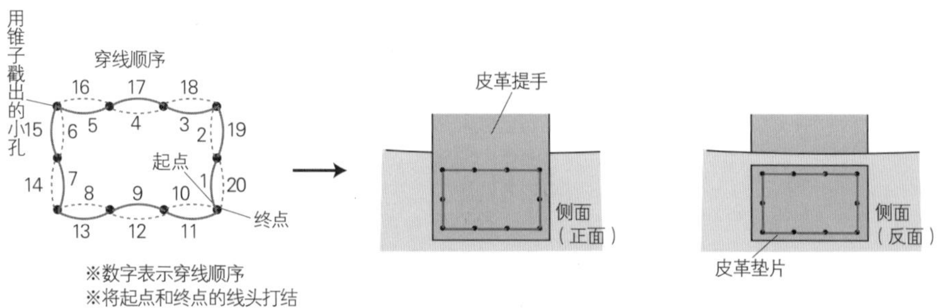

※数字表示穿线顺序
※将起点和终点的线头打结

②将皮革提手放在侧面（正面）的指定位置，
在反面对应位置重叠皮革垫片，参照穿线顺序进行缝合

（完成图）

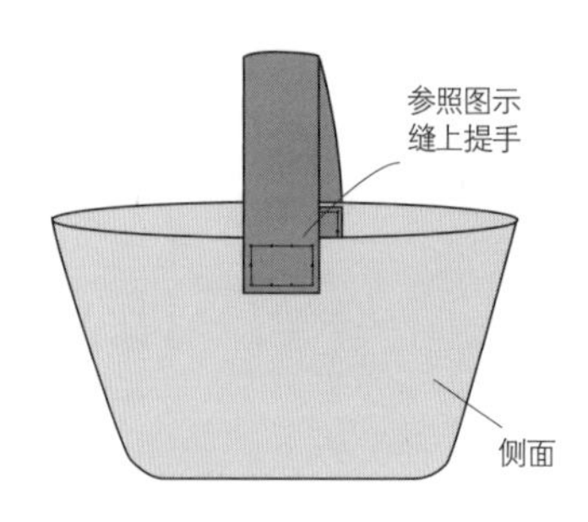

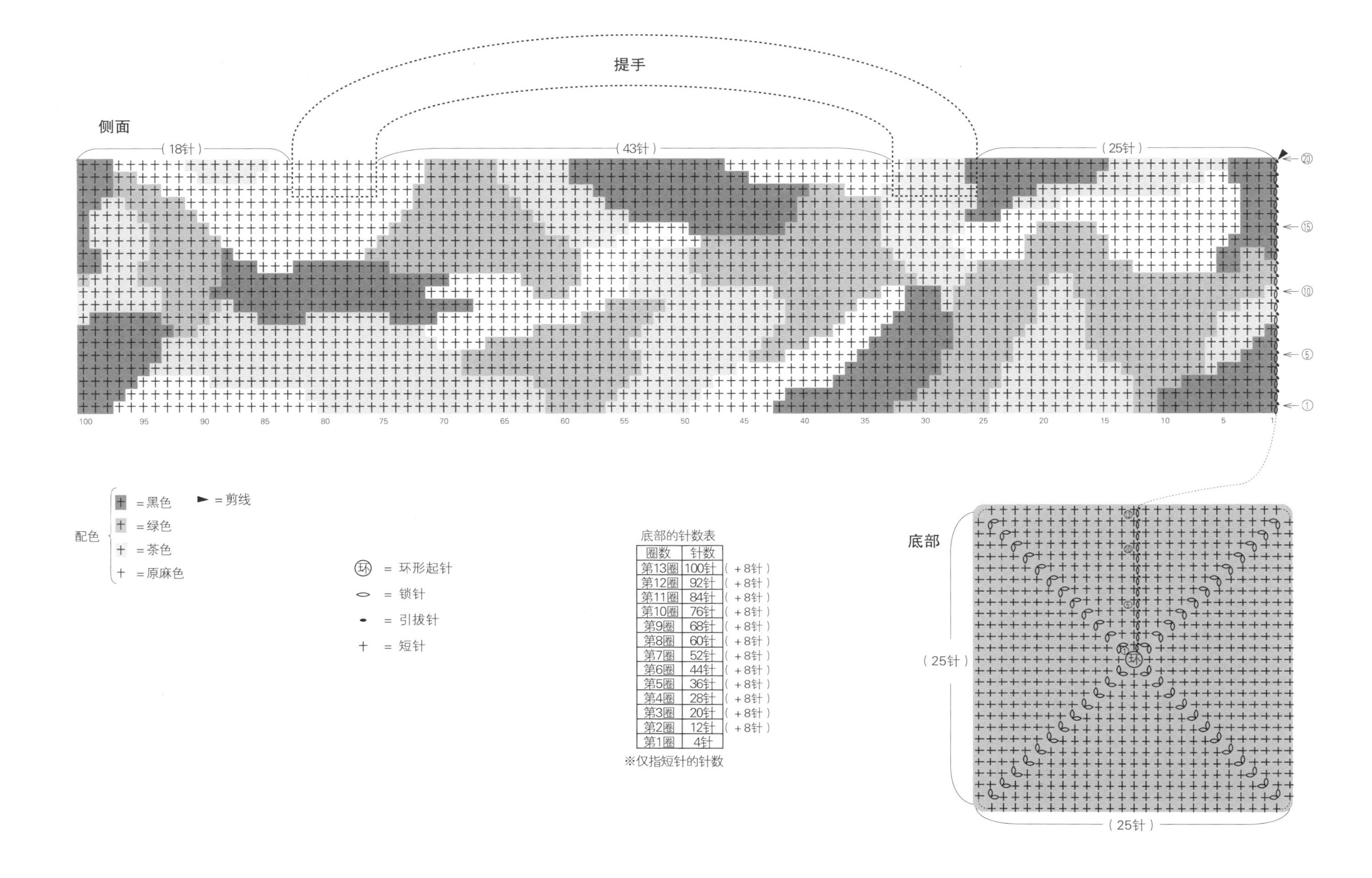

底部的针数表

圈数	针数	
第13圈	100针	(+8针)
第12圈	92针	(+8针)
第11圈	84针	(+8针)
第10圈	76针	(+8针)
第9圈	68针	(+8针)
第8圈	60针	(+8针)
第7圈	52针	(+8针)
第6圈	44针	(+8针)
第5圈	36针	(+8针)
第4圈	28针	(+8针)
第3圈	20针	(+8针)
第2圈	12针	(+8针)
第1圈	4针	

※仅指短针的针数

15 七宝纹手提包（作品见 p.22）

材料和工具

HAMANAKA Comacoma 原麻色（2）180 g（5 团），红色（7）65 g（2 团），橙色（8）60 g（2 团），白色（1）10 g（1 团）

钩针 8/0 号

成品尺寸

包口周长 77 cm，深 19.5 cm（不含提手）

密度

10 cm × 10 cm 面积内：短针 13 针，16 行；短针配色花样 13 针，15 行

编织要领

※ 参照 p.46 编织

- 底部钩 28 针锁针起针，参照图解做环状的往返编织，一边加针一边钩织 8 圈短针。侧面无须加减针接着钩织 2 圈短针、24 圈的短针配色花样。
- 在提手位置加线钩 42 针锁针（2 处）。
- 在包口和提手的外侧钩织 3 圈短针。
- 在提手的内侧钩织 3 圈短针。

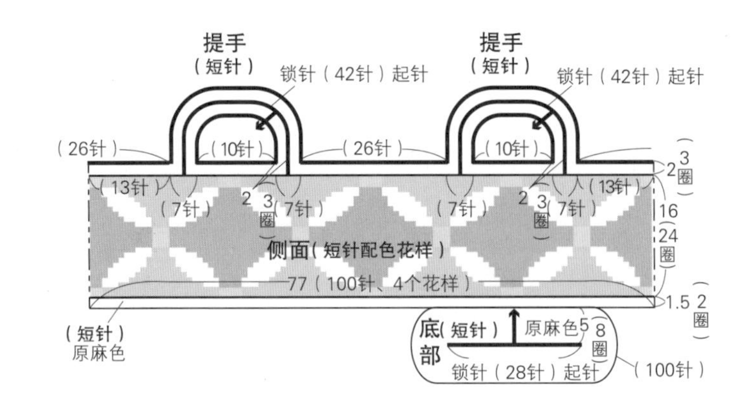

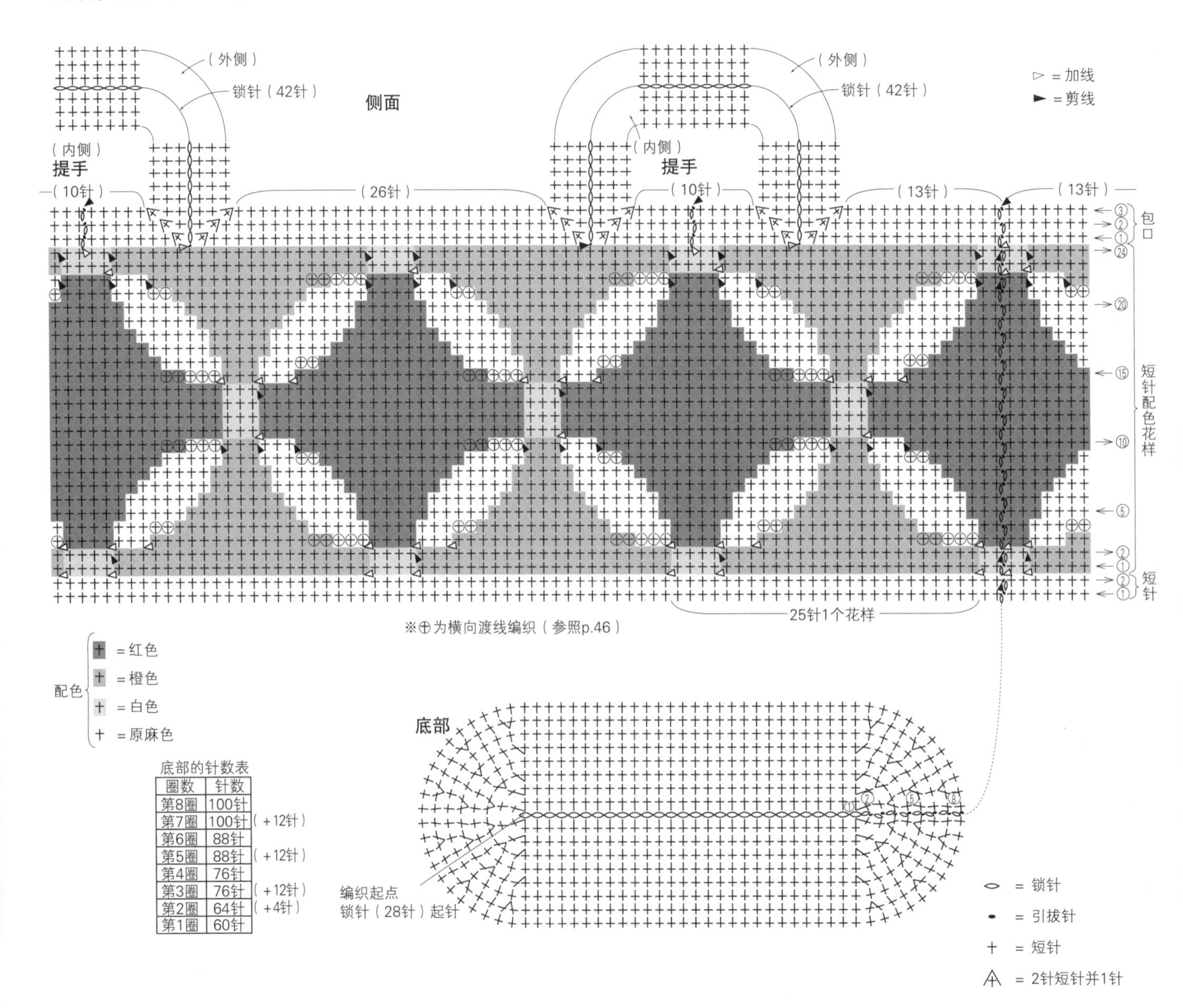

底部的针数表

圈数	针数	
第8圈	100针	
第7圈	100针	（+12针）
第6圈	88针	
第5圈	88针	（+12针）
第4圈	76针	
第3圈	76针	（+12针）
第2圈	64针	（+4针）
第1圈	60针	

16 方格纹手提包（作品见 p.23）

材料和工具

HAMANAKA Comacoma 卡其色（15）160 g（4 团），绿色（9）、藏青色（11）各 60 g（2 团），白色（1）30 g（1 团）

钩针 8/0 号

成品尺寸

包口周长 77 cm，深 19.5 cm（不含提手）

密度

10 cm × 10 cm 面积内：短针 13 针，16 行；短针配色花样 13 针，15 行

编织要领

※ 参照 p.46 编织（设计思路与作品 15 相同）

●底部钩 21 针锁针起针，参照图解做环状的往返编织，一边加针一边钩织 8 圈短针。侧面无须加减针接着钩织 2 圈短针、24 圈的短针配色花样。

●在提手位置加线钩 43 针锁针（2 处）。

●在包口和提手的外侧钩织 3 圈短针。

●在提手的内侧钩织 3 圈短针。

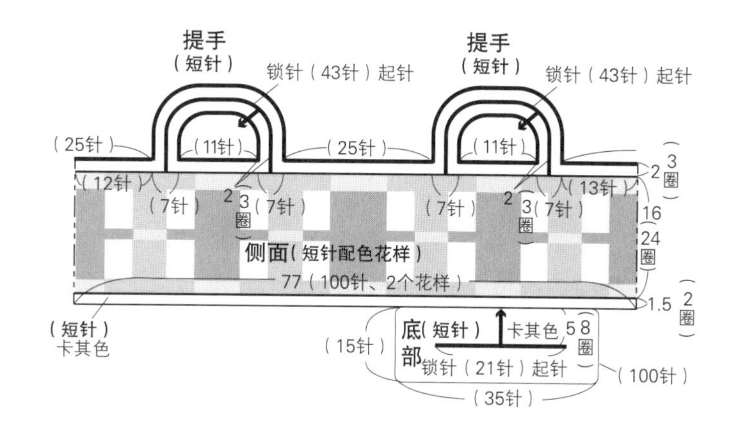

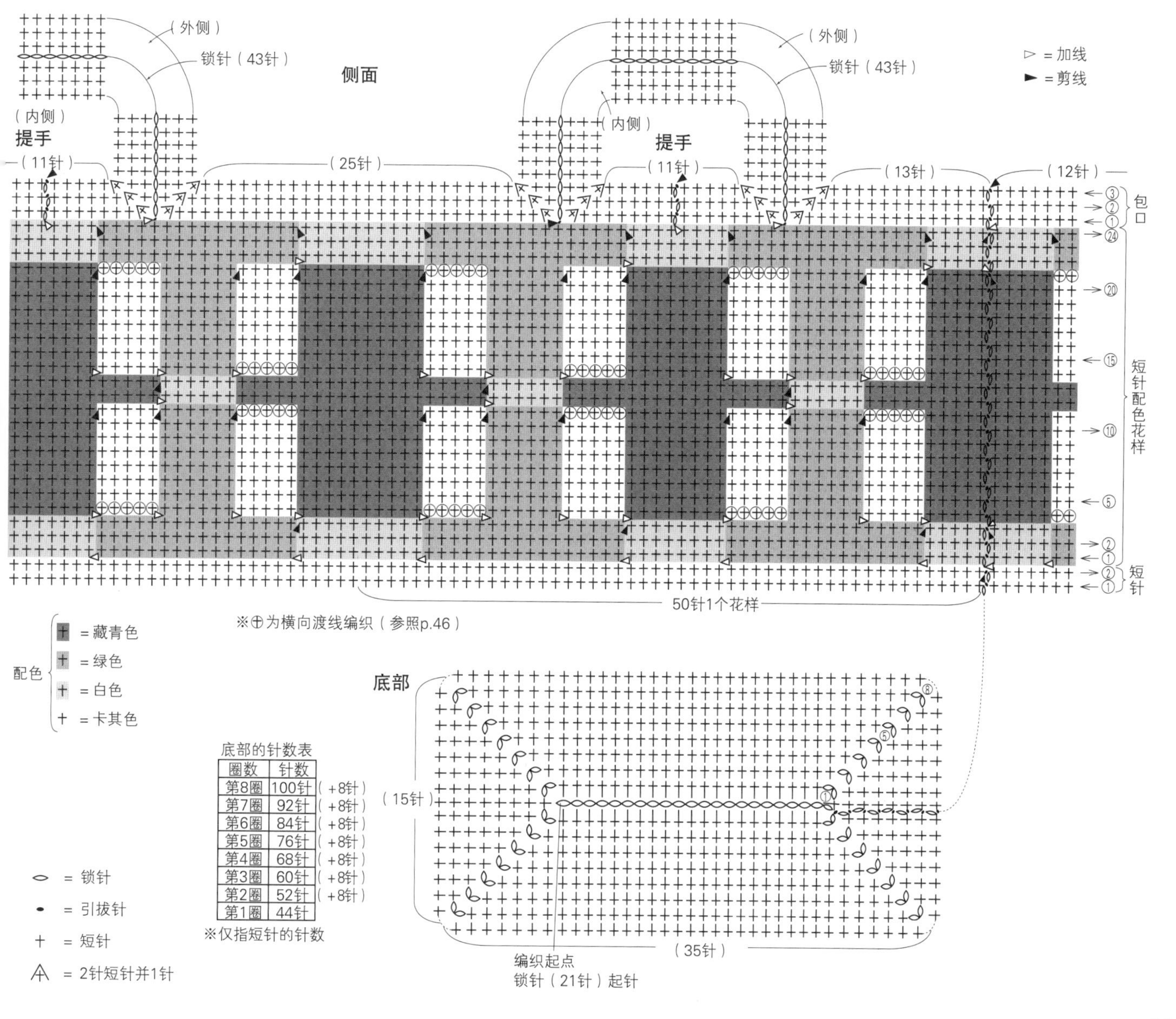

底部的针数表

圈数	针数	
第8圈	100针	（+8针）
第7圈	92针	（+8针）
第6圈	84针	（+8针）
第5圈	76针	（+8针）
第4圈	68针	（+8针）
第3圈	60针	（+8针）
第2圈	52针	（+8针）
第1圈	44针	

※仅指短针的针数

17 马尔歇包 （作品见 p.28）

材料和工具

HAMANAKA Comacoma 原麻色（2）310 g（8团）

钩针 8/0 号

成品尺寸

包口周长 88 cm，深 27 cm（不含提手）

密度

10 cm × 10 cm 面积内：短针 13 针，16 行

编织要领

●环形起针，参照图解一边加针一边钩织 43 圈短针。

●在提手位置加线钩织 2 条 30 针的锁针链，然后将线放置一边暂停编织（2 处）。

●绳子钩 268 针锁针起针后，接着钩织 1 行引拔针。

●参照图示，将绳子穿入指定位置，并在指定位置系线固定，最后连接成环状。提手部分参照图解钩织第 3 行。

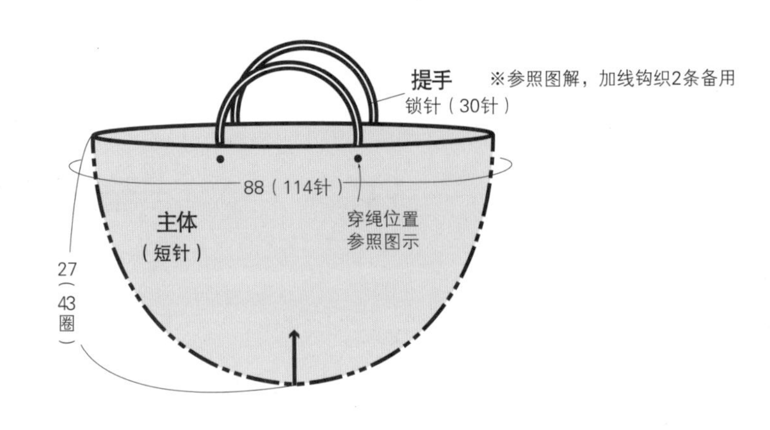

提手的制作方法和组合方法

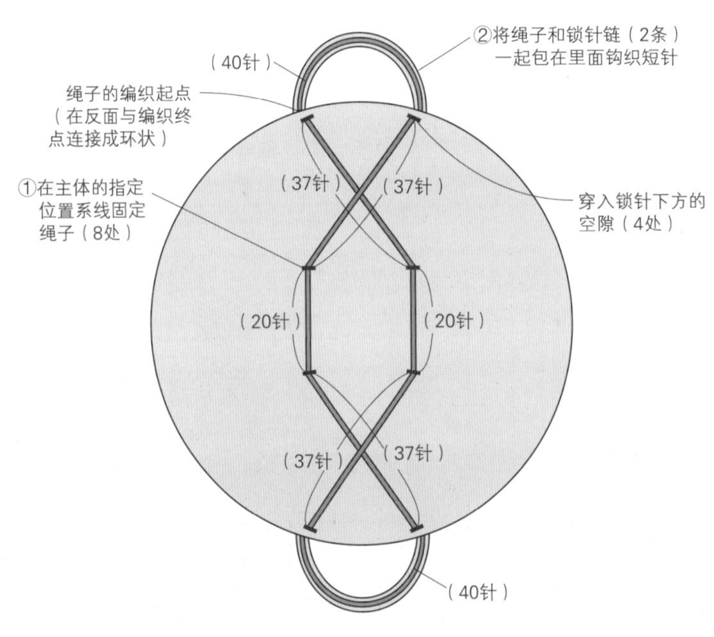

绳子

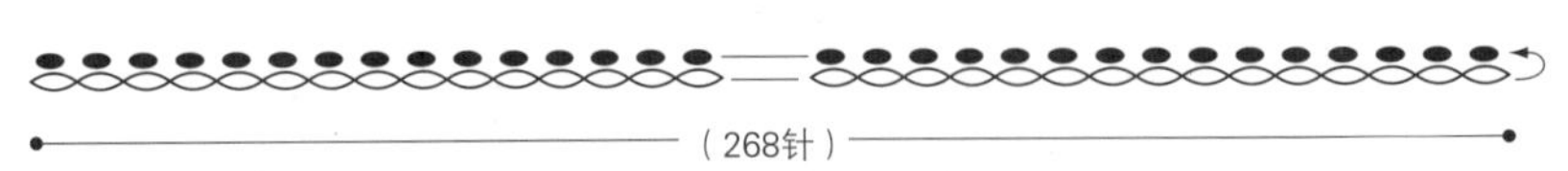

※引拔针从锁针的里山挑针钩织

主体的针数表

圈数	针数	
第41～43圈	114针	
第40圈	114针	（+6针）
第37～39圈	108针	
第36圈	108针	（+6针）
第33～35圈	102针	
第32圈	102针	（+6针）
第29～31圈	96针	
第28圈	96针	（+6针）
第25～27圈	90针	
第24圈	90针	（+6针）
第21～23圈	84针	
第20圈	84针	（+6针）
第17～19圈	78针	
第16圈	78针	（+6针）
第13～15圈	72针	
第12圈	72针	（+6针）
第11圈	66针	（+6针）
第10圈	60针	（+6针）
第9圈	54针	（+6针）
第8圈	48针	（+6针）
第7圈	42针	（+6针）
第6圈	36针	（+6针）
第5圈	30针	（+6针）
第4圈	24针	（+6针）
第3圈	18针	（+6针）
第2圈	12针	（+6针）
第1圈	6针	

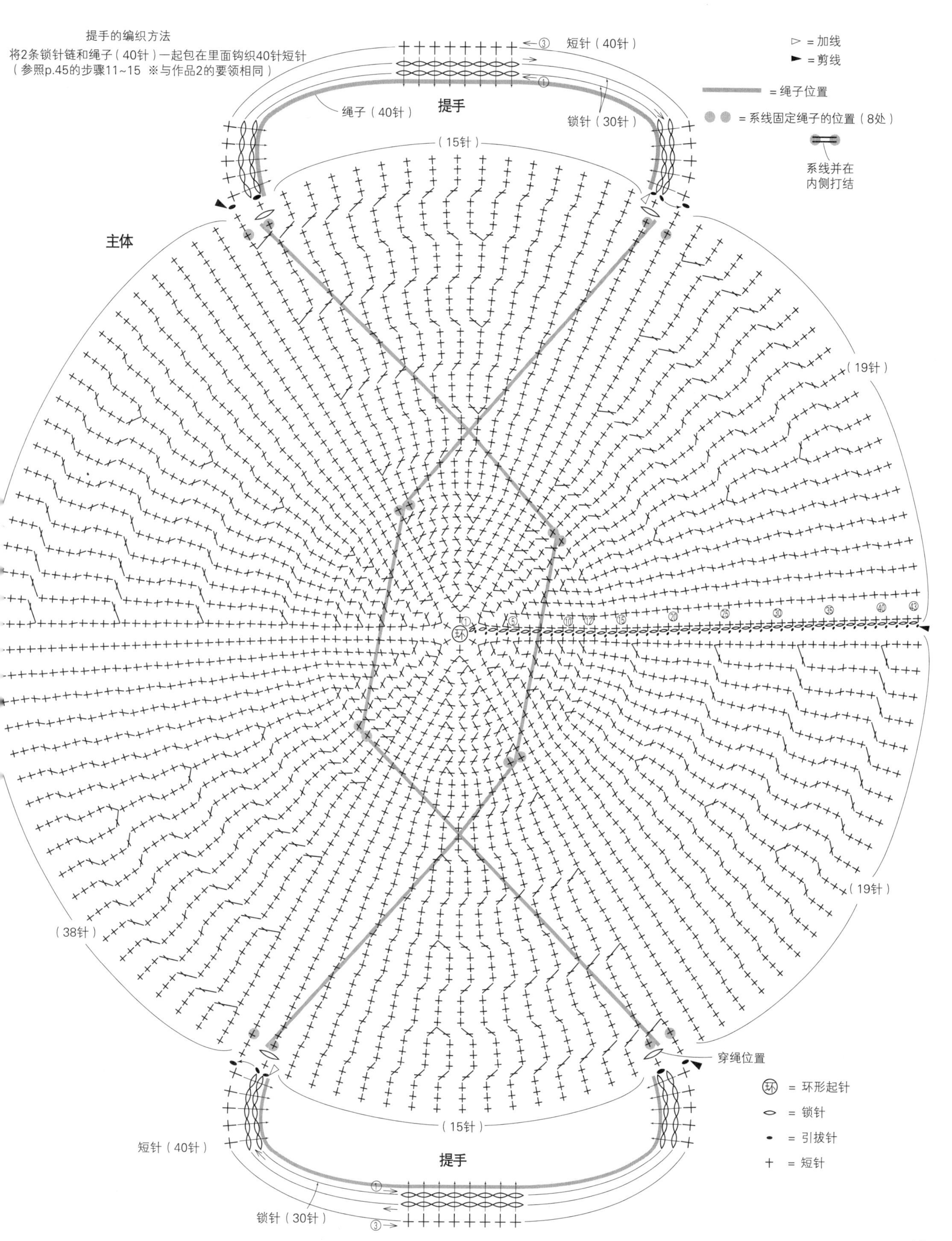

提手的编织方法
将2条锁针链和绳子（40针）一起包在里面钩织40针短针
（参照p.45的步骤11~15 ※与作品2的要领相同）
③
短针（40针）
①
绳子（40针）
提手
锁针（30针）
（15针）
▷＝加线
▶＝剪线
＝绳子位置
＝系线固定绳子的位置（8处）
系线并在
内侧打结
主体
（19针）
①
环
⑤
⑩
⑫
⑮
⑳
㉕
㉚
㉟
㊵
㊸
（19针）
（38针）
穿绳位置
环＝环形起针
＝锁针
＝引拔针
＋＝短针
（15针）
短针（40针）
提手
①
锁针（30针）
③

18 外出手拎包（作品见 p.29）

材料和工具

HAMANAKA Comacoma 绿色（9）200 g（5 团），卡其色（15）190 g（5 团）

钩针 8/0 号

成品尺寸

宽 30 cm，深 23 cm（不含提手）

密度

10 cm × 10 cm 面积内：短针配色花样 14 针，15 行

编织要领

●钩 56 针锁针起针，参照图解按纵向渡线配色花样钩织 34 行短针。提手部分分成左右两边继续钩织短针。接着用对应颜色的线钩织边缘。左右对称地再用相反的配色钩织 1 片主体。

●将 2 片主体正面相对，钩织引拔针接合侧边至开口止位。翻回正面，沿侧边的折线折叠，将提手的编织终点重叠成 4 层，再从正面钩织引拔针接合。底部也按相同要领折叠后做引拔针接合。

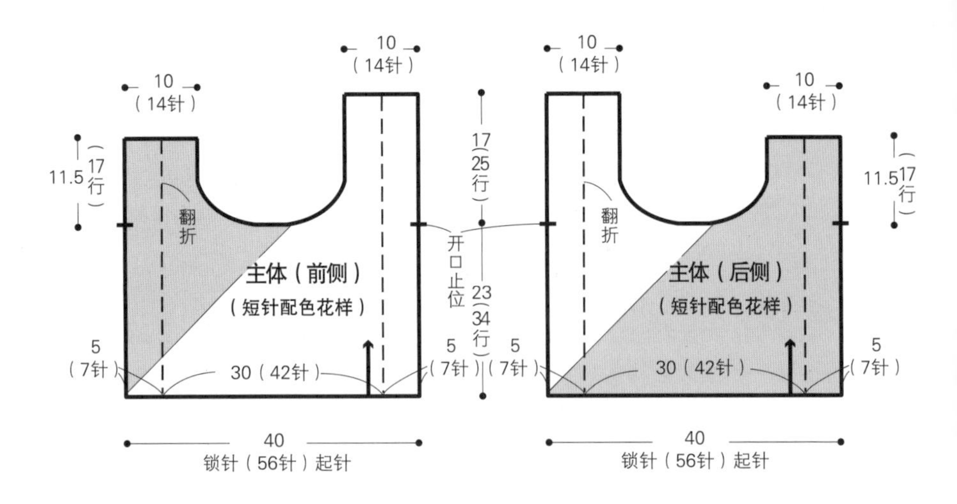

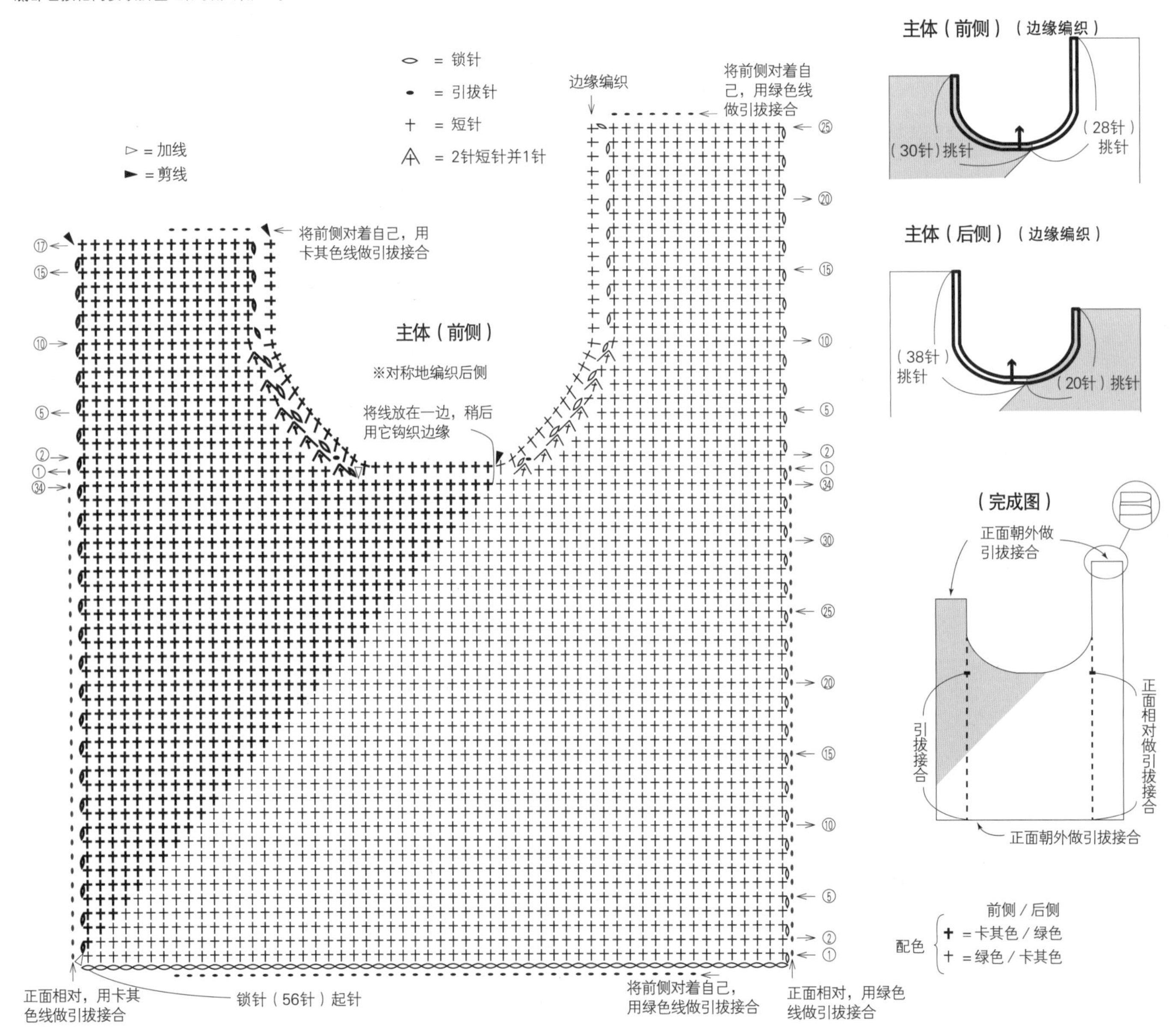

21 两用拉链包（作品见 p.32）

材料和工具
DARUMA 麻线 玫红色（8）185 m（2 团），白色（11）55 m（1 团）；30 cm 长的拉链（白色）1 条
钩针 8/0 号

成品尺寸
宽 31 cm，深 31 cm

密度
10 cm × 10 cm 面积内：短针 13 针，14 行

编织要领
●底部钩 40 针锁针起针，参照图解从锁针上挑针，无须加减针钩织 30 圈短针。接着按短针条纹花样钩织 14 圈。
●在包口缝上拉链。
●制作流苏，系在拉链的拉头上。

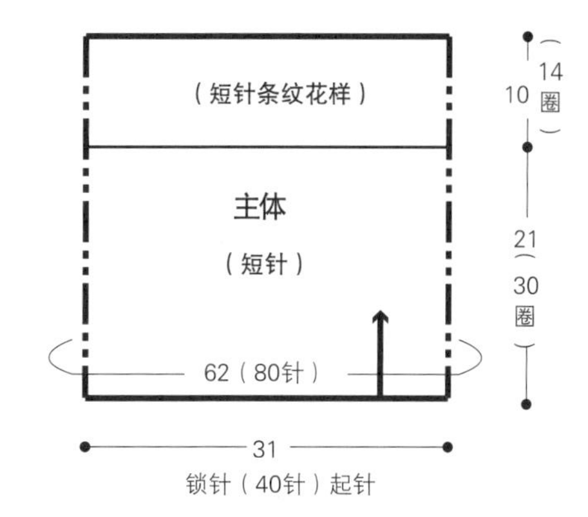

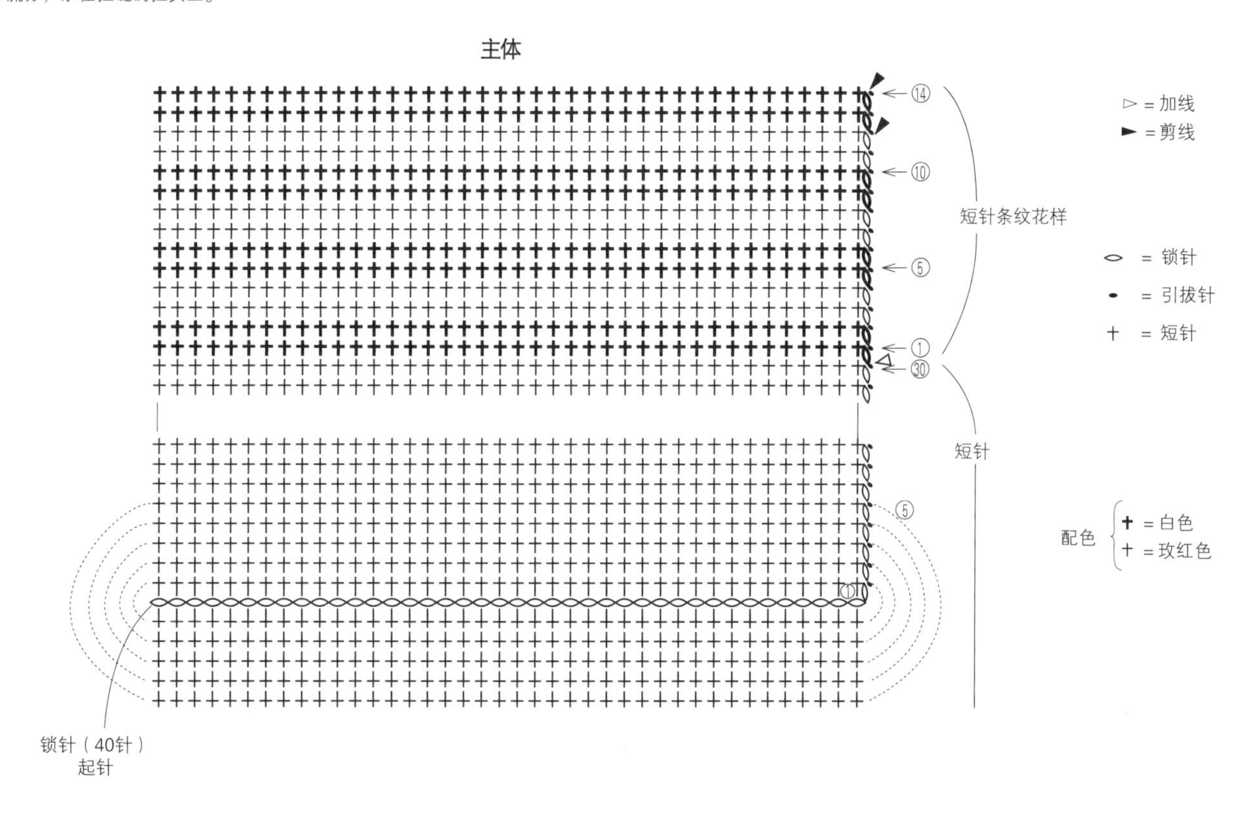

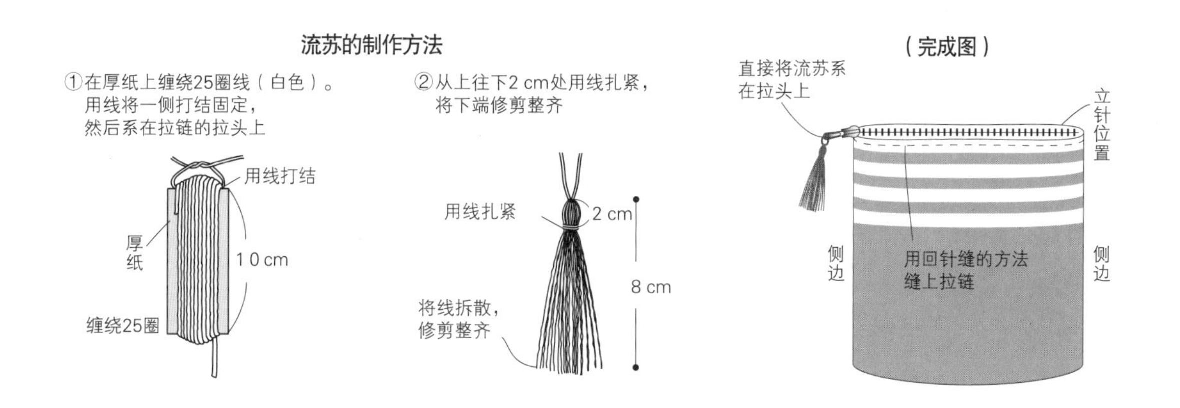

19 圆形花片手提包

（作品见 p.30）

材料和工具

MARCHENART JUTE RAMIE 红色（553）95 m（2 团），橙色（538）、棕色（554）各 40 m（1 团），紫红色（541）35 m（1 团），紫罗兰色（542）30 m（1 团）；宽 15.5 cm、高 9.5 cm 的木质提手（茶色 / MA2183）1 对

钩针 8/0 号

成品尺寸

宽 26 cm，深 28 cm（不含提手）

密度

花片 A 的直径为 6.5 cm

花片 B 的直径为 3.5 cm

编织要领

●环形起针，参照图解一边加针一边钩织花片。用指定颜色的线钩织并连接花片 1~40。注意花片分为 A 和 B 两种。

●在包口钩织 2 圈边缘。

●在穿提手位置加线，钩织 6 行短针。将穿提手部分向反面翻折包住提手，然后在边缘编织的第 2 圈以及穿提手部分的第 6 行头部插入钩针，从正面钩织引拔针。

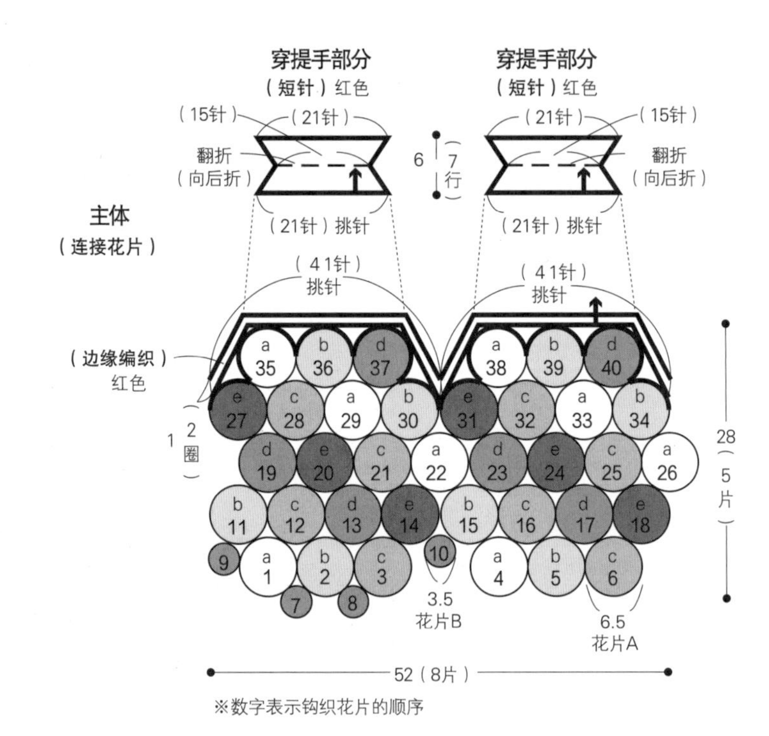

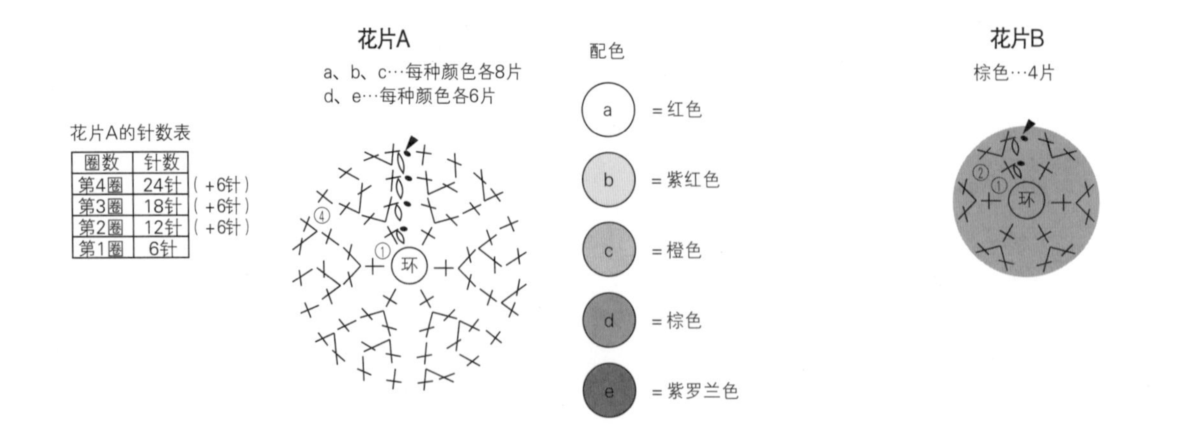

花片A的针数表

圈数	针数	
第4圈	24针	（+6针）
第3圈	18针	（+6针）
第2圈	12针	（+6针）
第1圈	6针	

主体

※边缘编织…钩织第2圈时，第1圈是锁针的部分整段挑针，
第1圈是引拔针的部分连同引拔针和下方花片的针目头部一起挑针

钩织至第6行后，向反面翻折包住提手，
在边缘编织的第2圈以及穿提手部分的第6行针目头部插入钩针，从正面钩织引拔针

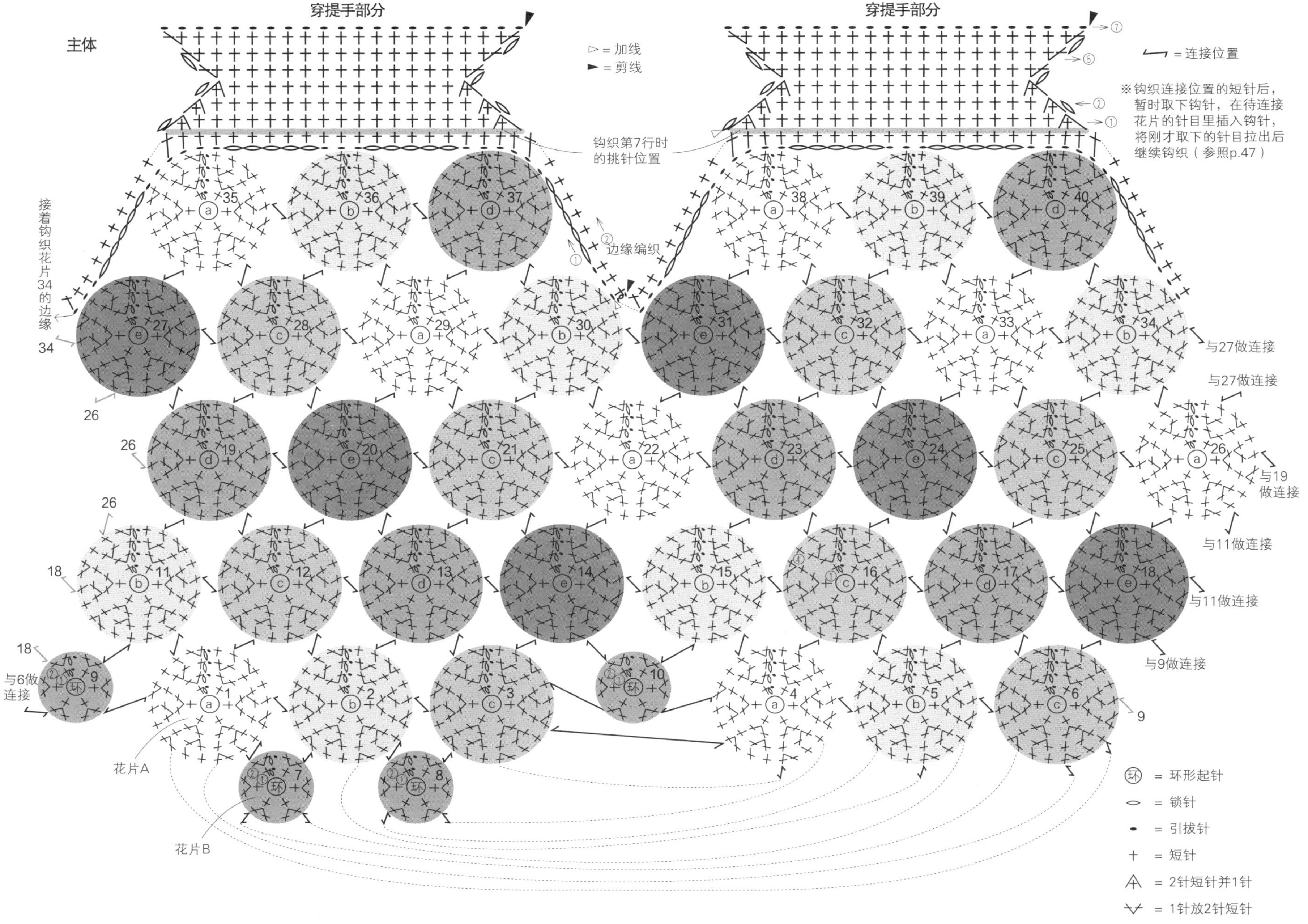

= 连接位置

※钩织连接位置的短针后，暂时取下钩针，在待连接花片的针目里插入钩针，将刚才取下的针目拉出后继续钩织（参照p.47）

- 环 = 环形起针
- ⬭ = 锁针
- • = 引拔针
- + = 短针
- ⩚ = 2针短针并1针
- ⩛ = 1针放2针短针

20 方形花片手提包（作品见 p.31）

材料和工具

MARCHENART JUTE RAMIE 靛蓝色（544）100 m（3 团），棕色（554）、紫罗兰色（542）、叶绿色（532）、翠蓝色（545）各 40 m（1 团）；直径 16 cm 的木质提手（茶色 / MA2181）1 对

钩针 8/0 号

成品尺寸

宽 37.5 cm，深 24.5 cm（不含提手）

密度

花片的边长为 7.5 cm

编织要领

●环形起针，参照图解一边加针一边钩织花片。用指定颜色的线钩织指定数量的花片后，用卷针缝缝合花片。钩织 2 片相同的织物。再将 2 片织物连起来钩织主体上侧部分的边缘。

●将 2 片主体正面朝外对齐，在下侧部分钩织 1 行短针接合。

●在穿提手位置加线，钩织 8 行短针。将穿提手部分向正面翻折包住提手，在第 8 行以及第 1 行短针的头部插入钩针，从正面钩织引拔针。

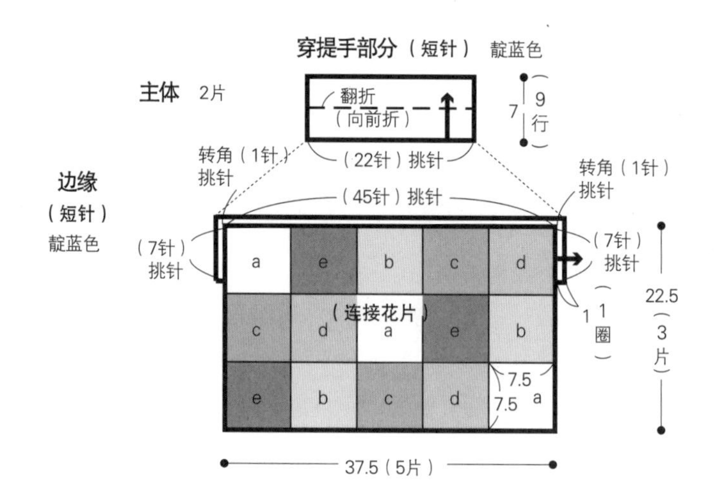

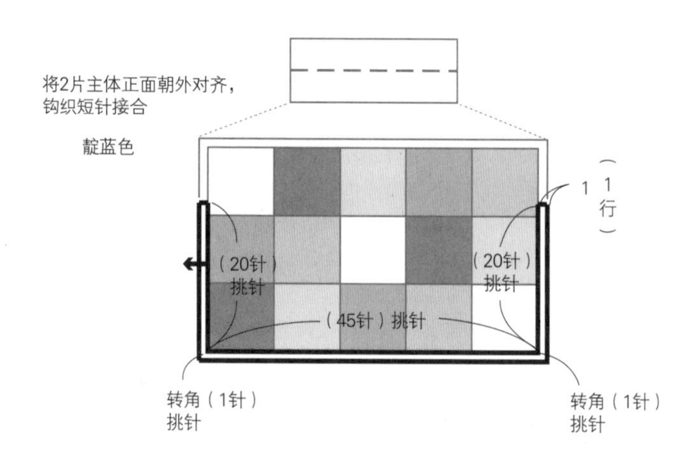

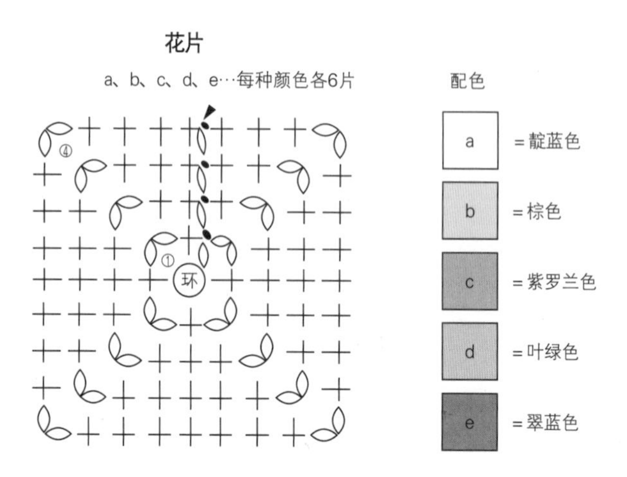

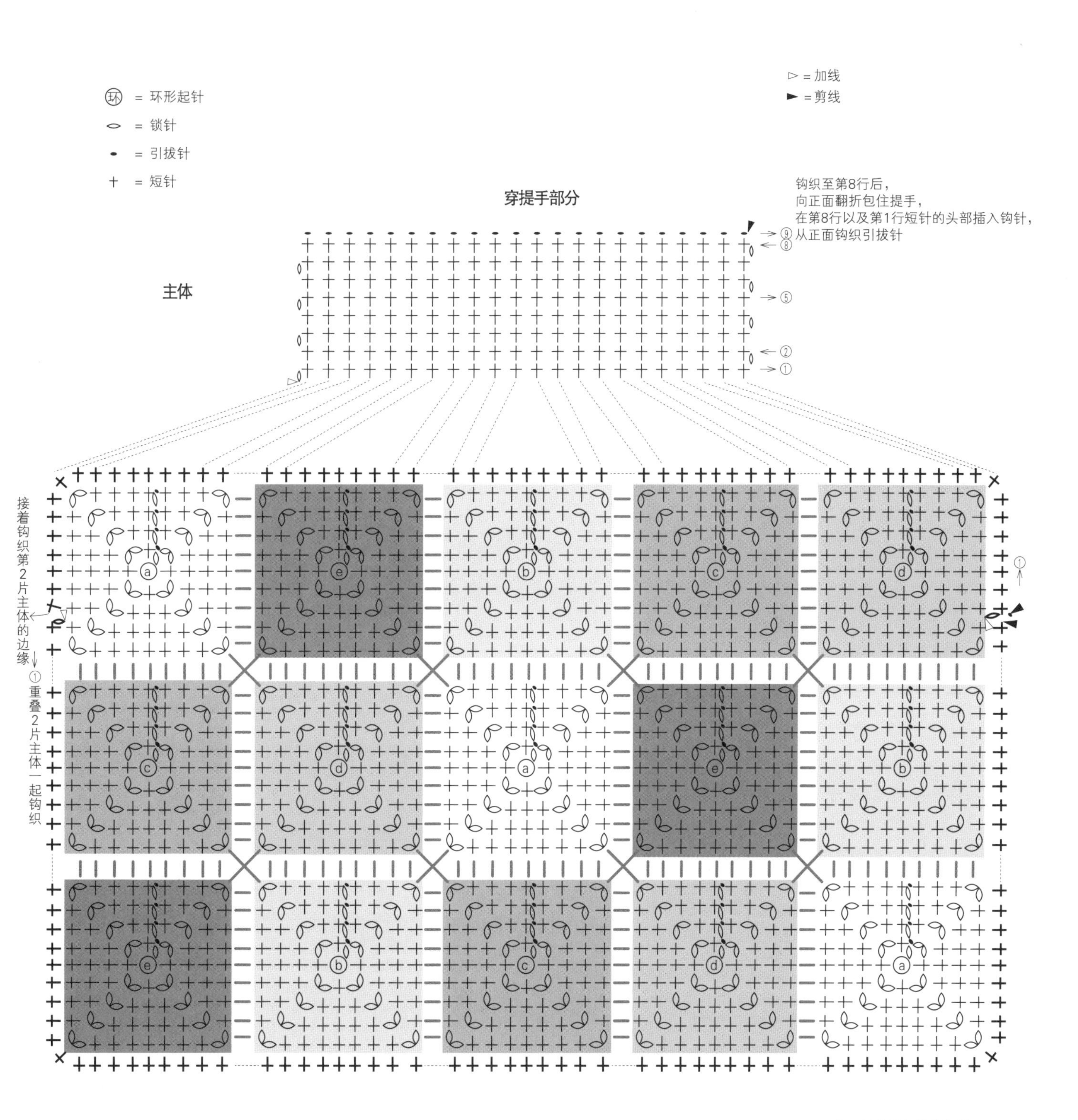

环 = 环形起针
= 锁针
= 引拔针
+ = 短针
▷ = 加线
▶ = 剪线
穿提手部分
主体
钩织至第8行后，
向正面翻折包住提手，
在第8行以及第1行短针的头部插入钩针，
从正面钩织引拔针
⑨
⑧
⑤
②
①
接着钩织第2片主体的边缘
①重叠2片主体一起钩织
a
e
b
c
d
| = 用靛蓝色线做半针的卷针缝缝合

22 木质口金包

（作品见 p.33）

材料和工具

DARUMA 麻线 黄绿色（9）100 m（1 团），白色（11）90 m（1 团）；宽 31 cm、高 9 cm 的木质口金（INAZUMA / WK-3101 24 号茶色）1 个

钩针 8/0 号，黏合剂

成品尺寸

宽 37 cm，深 18 cm（不含口金）

密度

10 cm×10 cm 面积内：短针的棱针条纹花样 13 针，14 行

编织要领

●主体钩 30 针锁针起针，参照图解无须加减针钩织 52 行短针的棱针条纹花样。接着钩织上侧部分 ❶，一边减针一边钩织 8 行短针。上侧部分 ❷ 加线后按上侧部分 ❶ 的要领钩织。

●将主体沿底部中心线向后对折，参照图解在周围钩织 1 行边缘。

●参照完成图，将木质口金安装在主体的指定位置（♡、♥）。

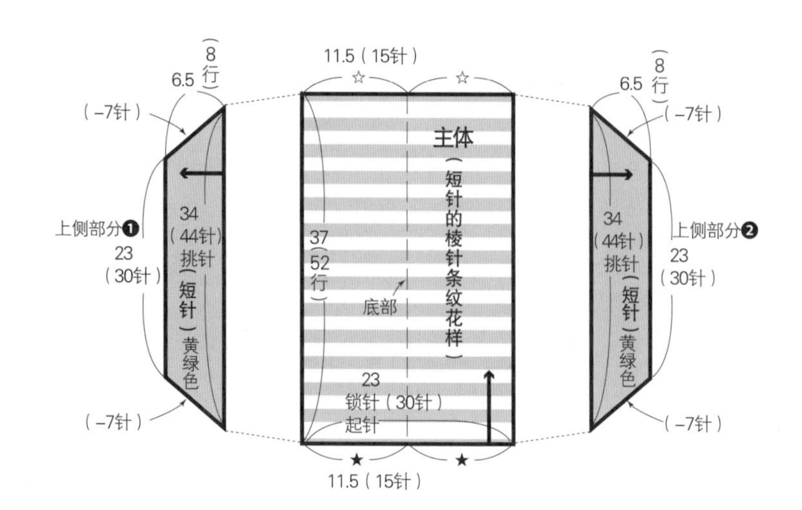

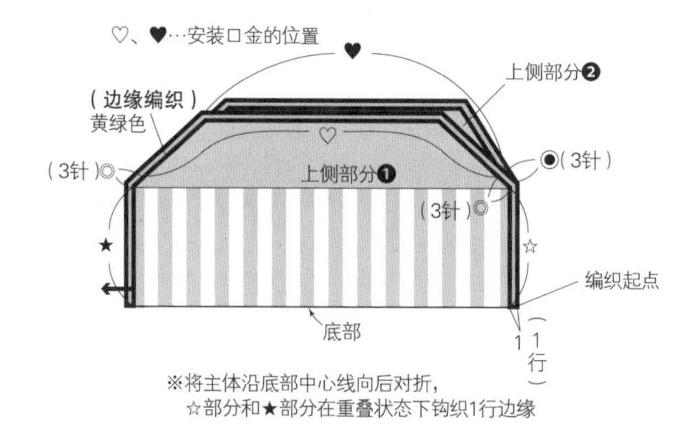

（完成图）

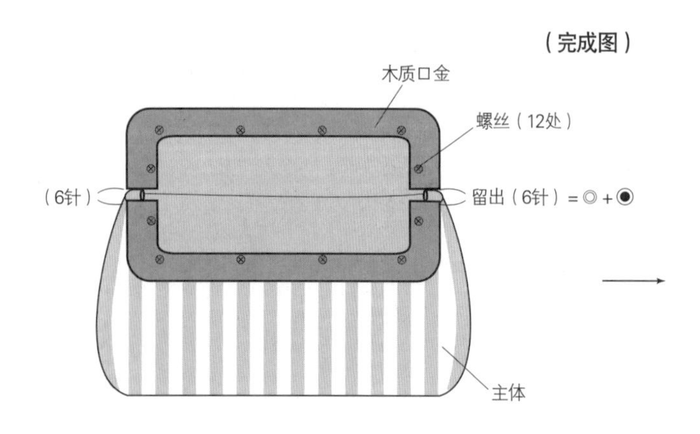

主体

木质口金的安装方法

①在木质口金的凹槽里涂上黏合剂，用力塞入安装口金部分（♡、♥）的针目

②拧紧配件中的螺丝

⌔ = 锁针

• = 引拔针

＋ = 短针

⩚ = 2针短针并1针

± = 短针的棱针

主体

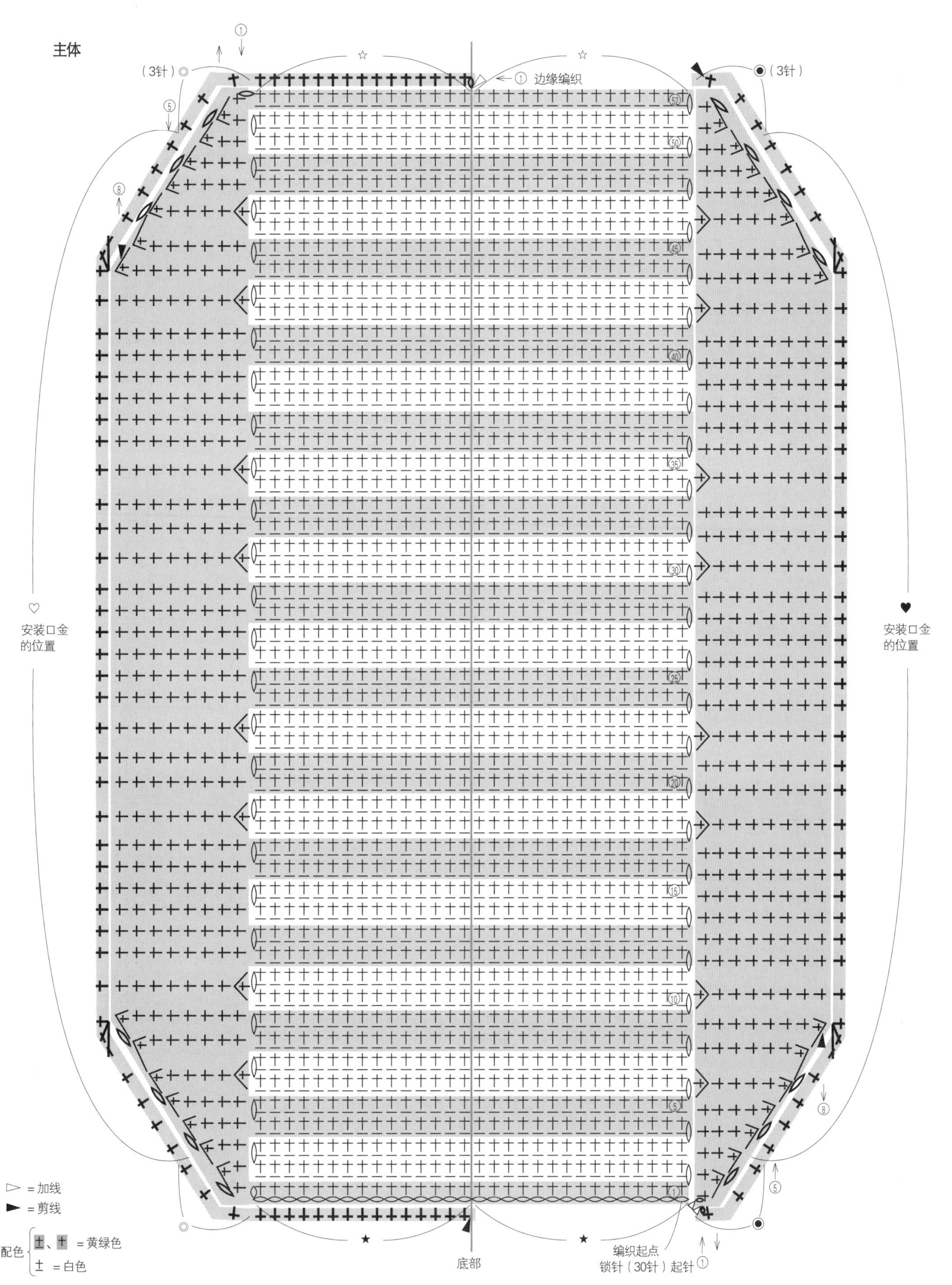

（3针）◎
① 边缘编织
◉（3针）
⑤
⑧
♡
安装口金
的位置
♥
安装口金
的位置
52
50
45
40
35
30
25
20
15
10
5
1
⑧
⑤
◎
◉
底部
编织起点
锁针（30针）起针 ①
▷ = 加线
▶ = 剪线
配色 ±、+ = 黄绿色
± = 白色

23 三用正反针条纹包 作品见 p.34、35

材料和工具

KOKUYO 麻线 原麻色（包装线 –35）304 m（1 筒），直径 8 mm 的棉绳 1.2 m，直径 3 cm 的木纽扣 2 颗

钩针 8/0 号，黏合剂

成品尺寸

包口周长 72 cm，深 30.5 cm（不含提手）

密度

10 cm × 10 cm 面积内：短针 12.5 针，13.5 行

编织要领

●底部环形起针，参照图解一边加针一边钩织 15 圈短针（注意每 5 圈改变编织方向）。侧面无须加减针接着钩织 36 圈。不要剪断线，紧接着钩织提手部分的 90 针锁针，然后钩织扣眼 ❶ 的锁针环，再加线钩织扣眼 ❷ 的锁针环。在包口的指定位置加线，与提手连起来钩织 4 圈短针（第 1 圈一边钩织一边在 8 处留出穿绳孔）。接着从反面朝相反方向钩织 1 圈引拔针作为边缘。

●在指定的 2 处缝上纽扣。

●在穿绳位置穿入棉绳，在两端涂上黏合剂后打一个结。

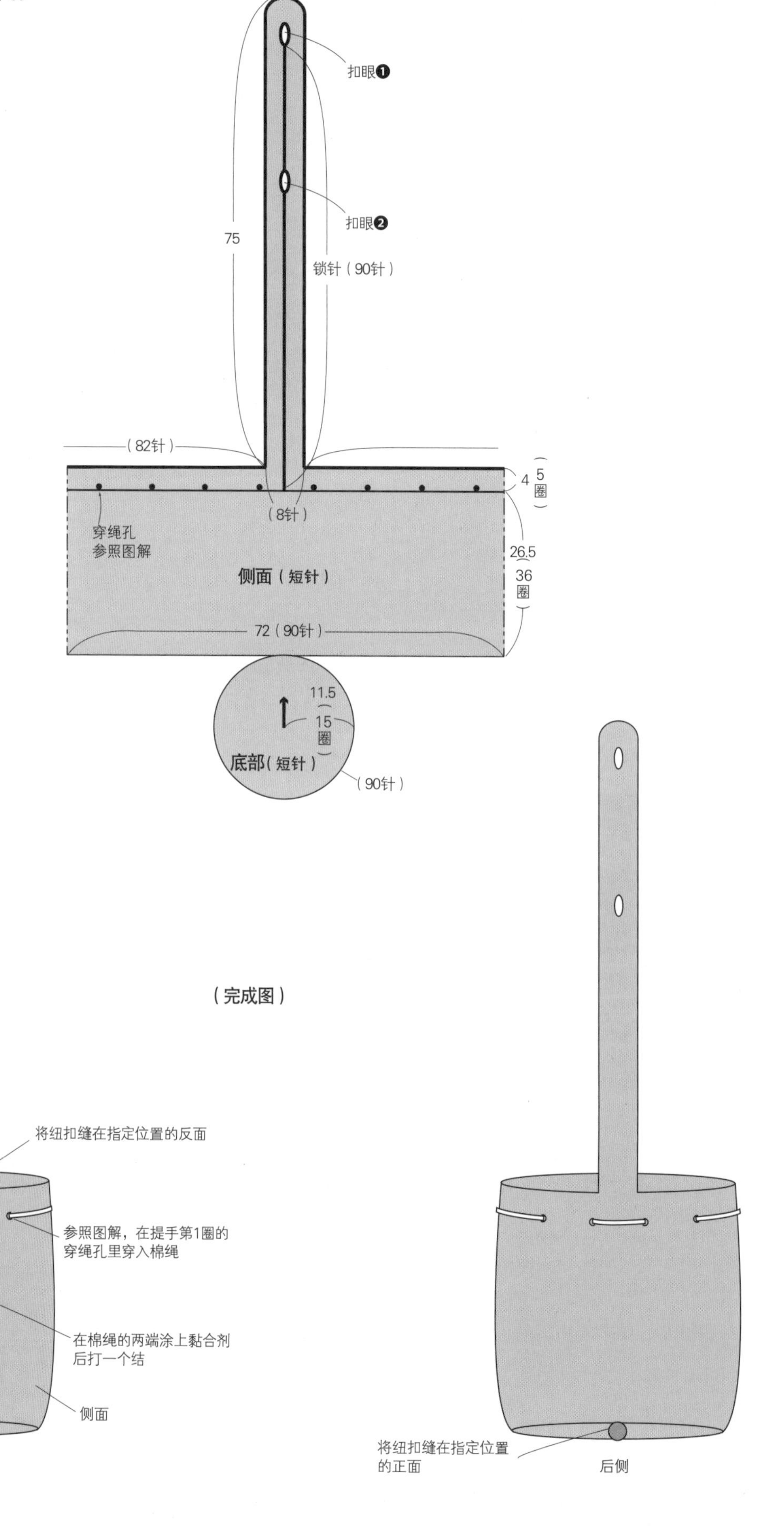

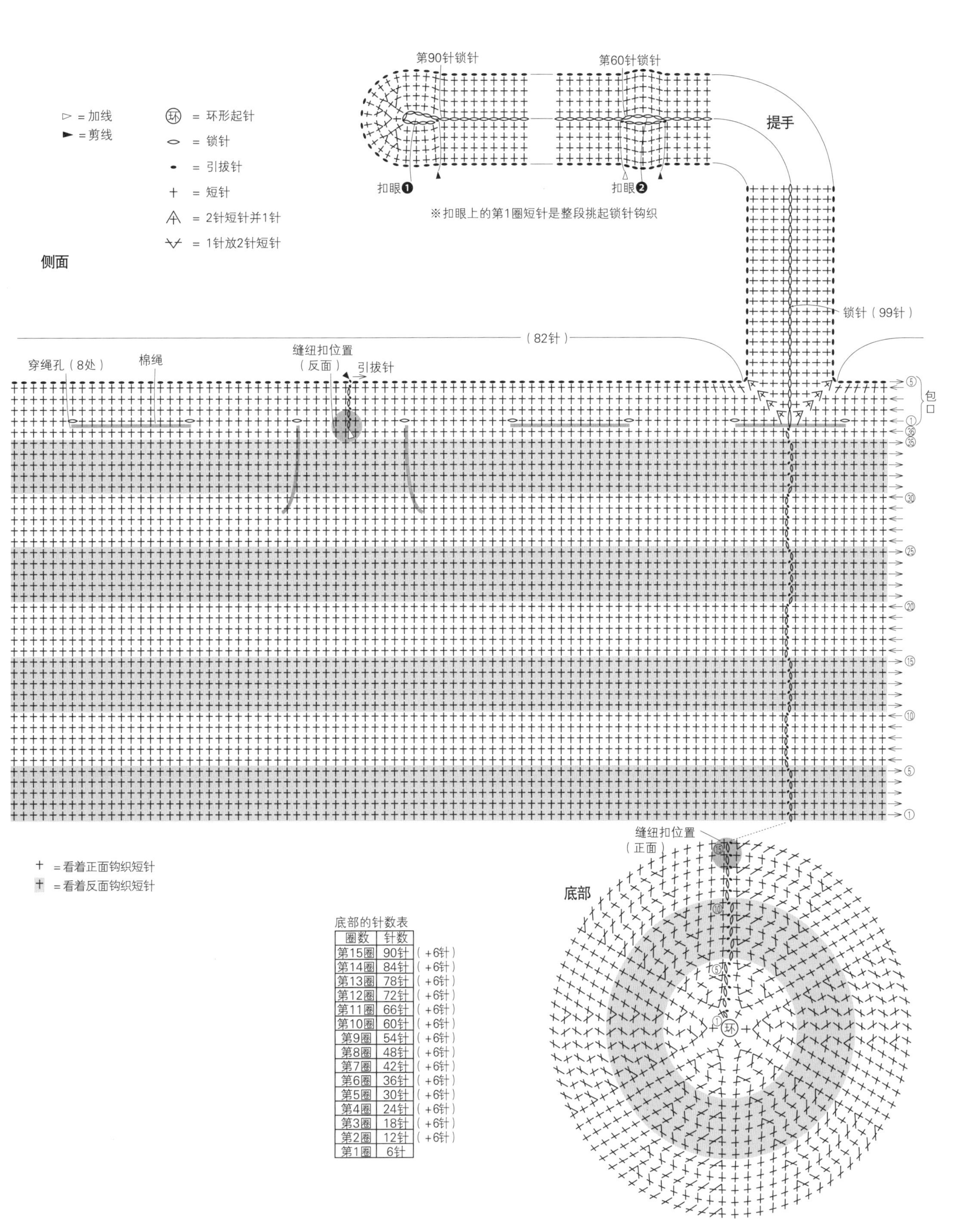

底部的针数表

圈数	针数	
第15圈	90针	（+6针）
第14圈	84针	（+6针）
第13圈	78针	（+6针）
第12圈	72针	（+6针）
第11圈	66针	（+6针）
第10圈	60针	（+6针）
第9圈	54针	（+6针）
第8圈	48针	（+6针）
第7圈	42针	（+6针）
第6圈	36针	（+6针）
第5圈	30针	（+6针）
第4圈	24针	（+6针）
第3圈	18针	（+6针）
第2圈	12针	（+6针）
第1圈	6针	

24 网格针花样手提包 （作品见 p.36）

材料和工具

MARCHENART JUTE RAMIE 翠蓝色（545）
160 m（4 团）
钩针 8/0 号

成品尺寸

侧面周长 76 cm，深 15 cm（不含提手）

密度

10 cm×10 cm 面积内：短针（底部）12.5 针，14.5 行

编织要领

●底部钩 34 针锁针起针，参照图解一边加针一边钩织 8 圈短针。侧面无须加减针接着钩织 10 行。从第 11 行开始，在指定位置加线，一边减针一边做往返编织（4 处）。

●提手部分加线钩 30 针锁针后，接着钩织 1 行长针（2 处）。

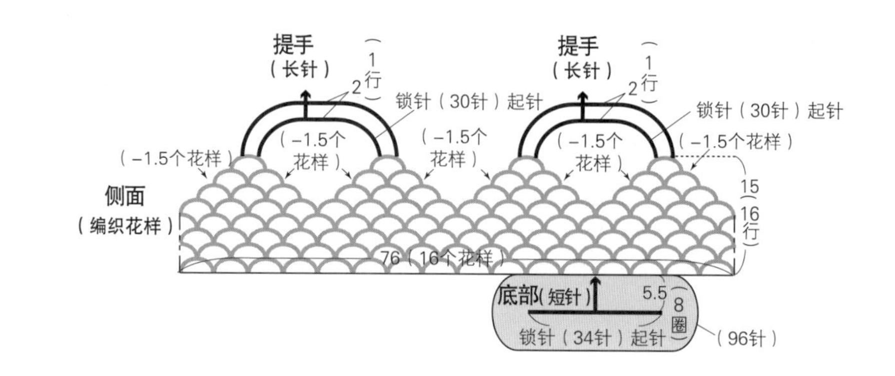

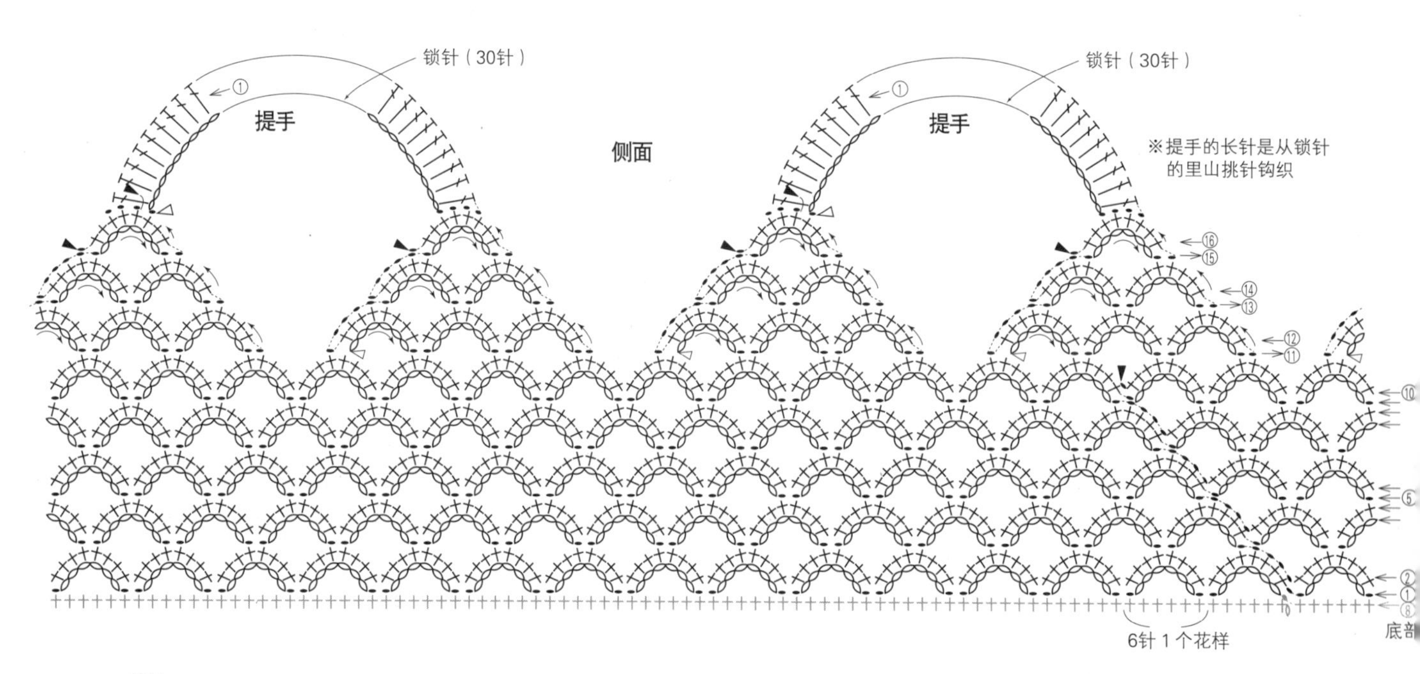

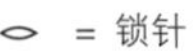 = 锁针

• = 引拔针

+ = 短针

Ŧ = 长针

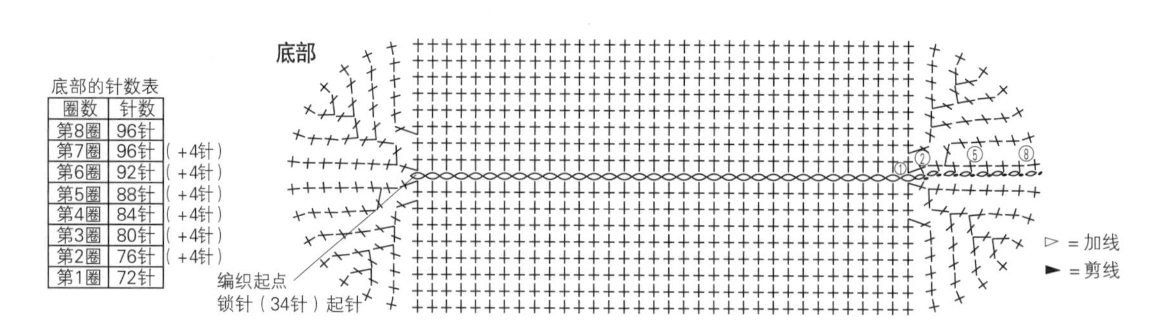

底部的针数表

圈数	针数	
第8圈	96针	
第7圈	96针	（+4针）
第6圈	92针	（+4针）
第5圈	88针	（+4针）
第4圈	84针	（+4针）
第3圈	80针	（+4针）
第2圈	76针	（+4针）
第1圈	72针	

25 悬挂网兜（作品见 p.37）

材料和工具

MARCHENART JUTE RAMIE 白色（552）50 m（1团），外径 4.4 cm 的木环（MA2260）1 个

钩针 8/0 号

成品尺寸

侧面周长 35 cm，深 12 cm（不含吊绳）

密度

短针 12 针 10 cm，2 行 1.5 cm

编织要领

●底部环形起针，参照图解钩织 3 圈。侧面接着钩织 6 圈。第 7、8 行在指定的位置加线钩织。钩织第 8 行时，一边钩织吊绳用的绳子，一边在木环上钩引拔针连接（3 处）。

●参照吊绳的组合方法做最后的整理。

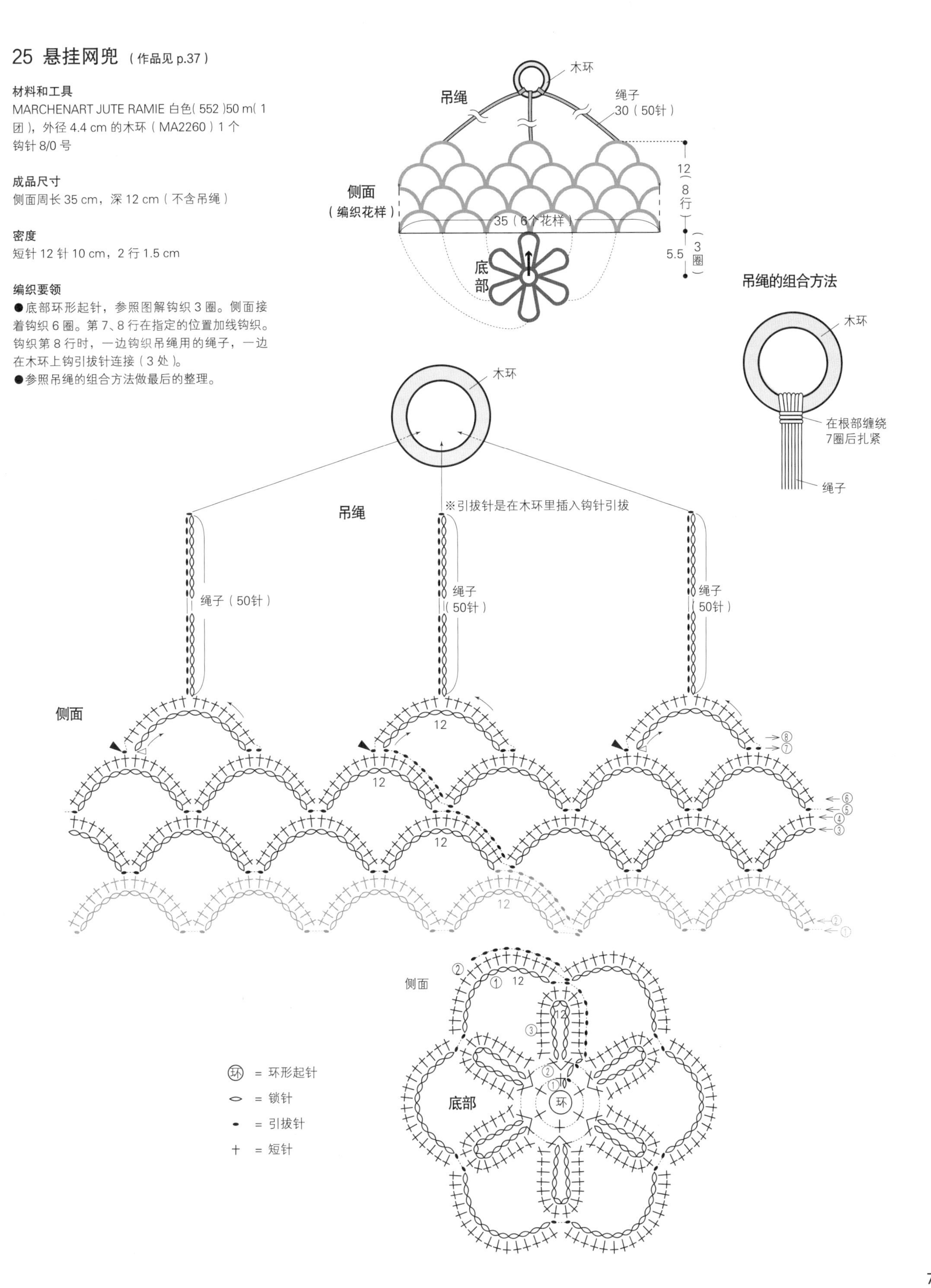

26 废品筐（作品见 p.38）

材料和工具

KOKUYO 麻线 原麻色（包装线 –34）130 m（1 筒），白色（包装线 –34W）40 m（1 筒）

钩针 8/0 号

成品尺寸

包口周长 56 cm，深 18 cm

密度

10 cm × 10 cm 面积内：短针 12.5 针，13.5 行

编织要领

●底部环形起针，参照图解一边加针一边钩织 12 圈短针。侧面无须加减针接着钩织 24 圈。

●边缘编织部分看着主体的反面钩织。换线，钩织 2 圈短针后将线放在一边暂停编织，分别在 10 处指定位置钩上 4 针锁针，接着环形钩织第 3~5 圈。

●将边缘编织的第 2~5 圈向外侧翻折，在重叠的状态下钩织引拔针。

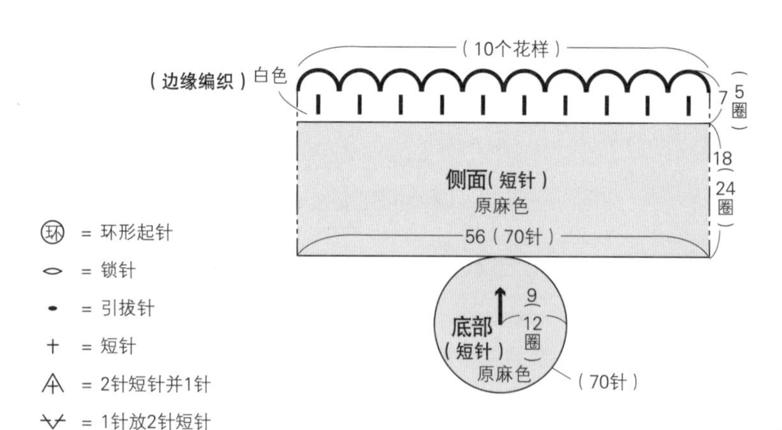

▷ = 加线
► = 剪线
☆ = 编织起点

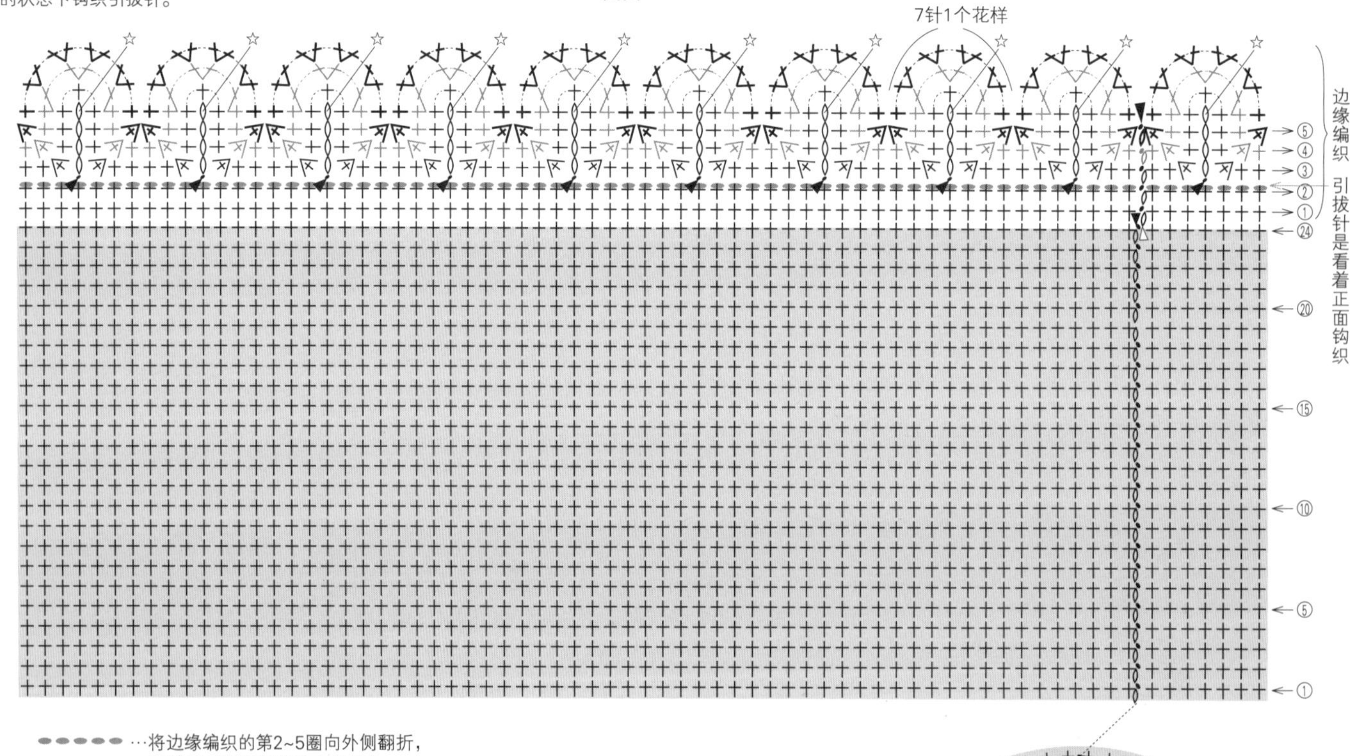

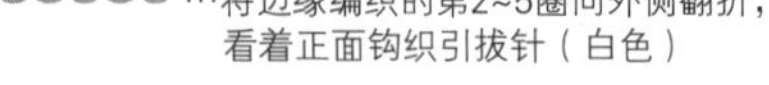
…将边缘编织的第2~5圈向外侧翻折，看着正面钩织引拔针（白色）

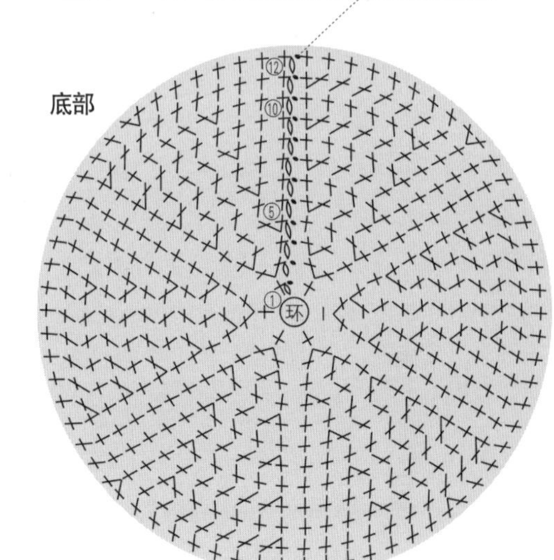

底部的针数表

圈数	针数	
第12圈	70针	（+4针）
第11圈	66针	（+6针）
第10圈	60针	（+6针）
第9圈	54针	（+6针）
第8圈	48针	（+6针）
第7圈	42针	（+6针）
第6圈	36针	（+6针）
第5圈	30针	（+6针）
第4圈	24针	（+6针）
第3圈	18针	（+6针）
第2圈	12针	（+6针）
第1圈	6针	

（完成图）

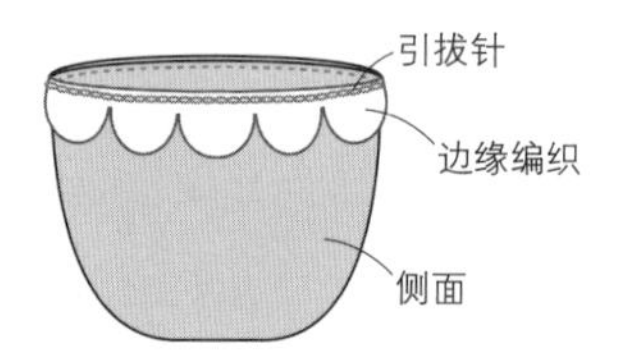

27 单提手收纳篮（作品见 p.39）

材料和工具

KOKUYO 麻线 原麻色（包装线 –35）205 m（1 筒），
白色（包装线 –34W）55 m（1 筒）
钩针 8/0 号

成品尺寸

包口周长 78 cm，深 15 cm（不含提手）

密度

10 cm × 10 cm 面积内：短针 12.5 针，13.5 行

编织要领

●底部钩 7 针锁针起针，参照图解一边加针一边钩织 14 圈短针。侧面无须加减针接着钩织 20 圈。
●边缘编织部分看着主体的反面钩织。换线，钩织 2 圈短针后，分别在 14 处指定位置钩上 4 针锁针，接着环形钩织第 3~5 圈。
●提手部分钩 37 针锁针起针，参照图解一边加针一边钩织 4 圈短针。
●将边缘编织的第 2~5 圈向外侧翻折，在重叠的状态下钩织引拔针。缝提手位置要将提手也重叠在一起。最后缝住提手的下端。

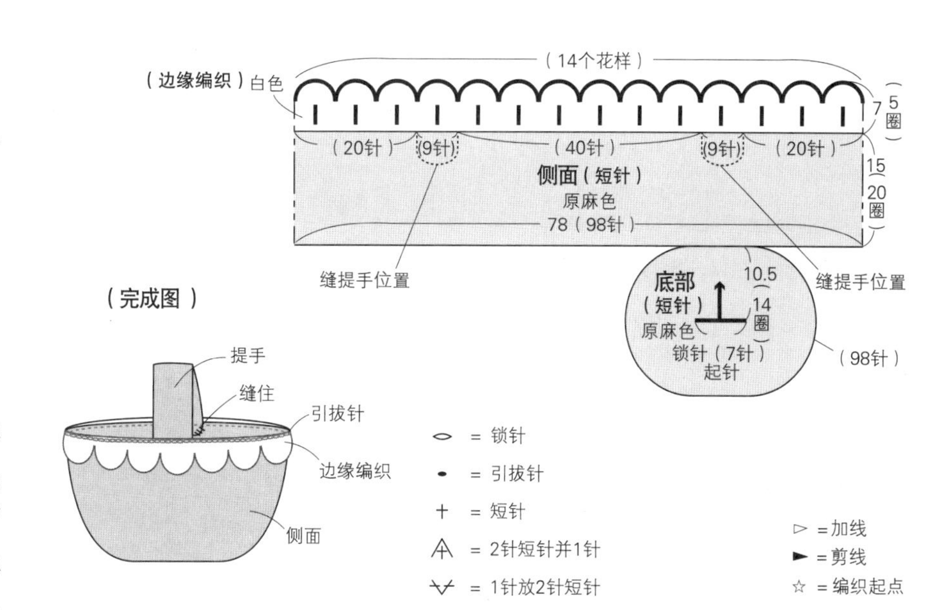

（完成图）

提手
缝住
引拔针
边缘编织
侧面

⌔ = 锁针
• = 引拔针
+ = 短针
⩚ = 2针短针并1针
⩛ = 1针放2针短针
▷ = 加线
▶ = 剪线
☆ = 编织起点

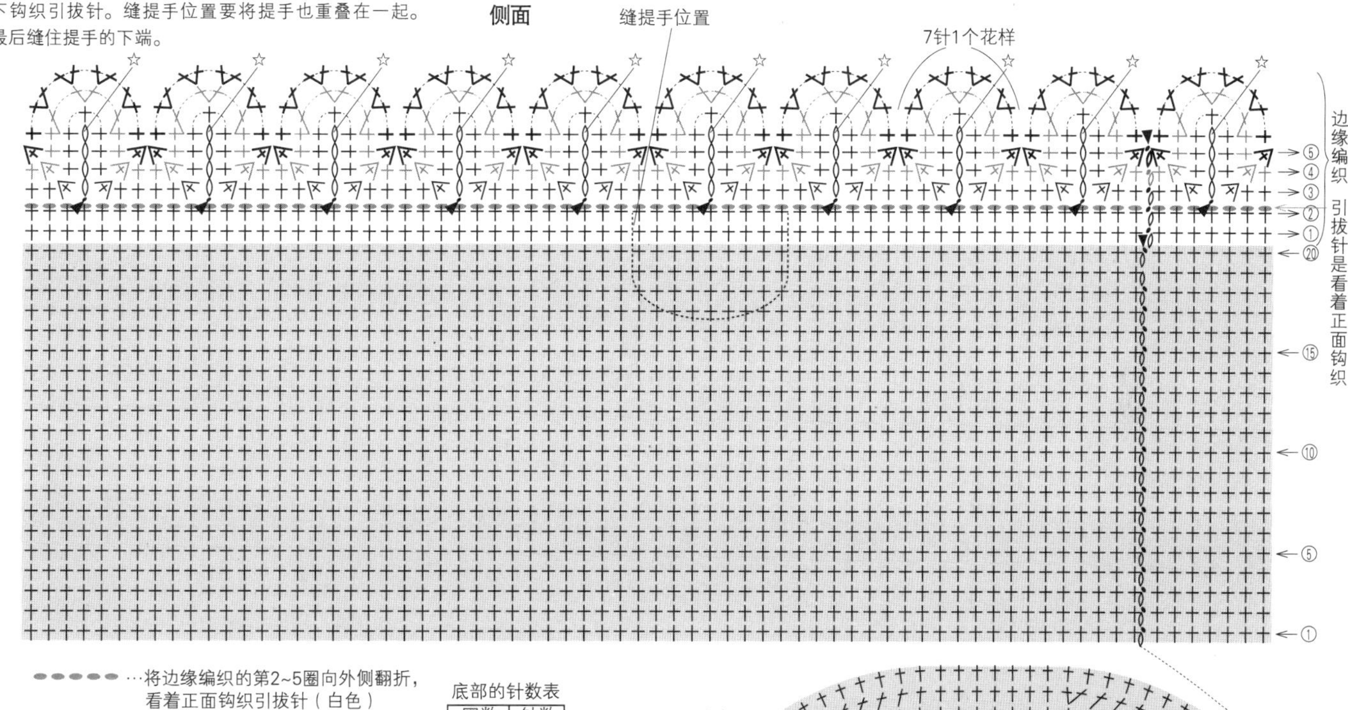

▬ ▬ ▬ ▬ ▬ …将边缘编织的第2~5圈向外侧翻折，看着正面钩织引拔针（白色）
缝提手位置要将提手也重叠在一起引拔

底部的针数表

圈数	针数	
第14圈	98针	
第13圈	98针	（+12针）
第12圈	86针	
第11圈	86针	（+12针）
第10圈	74针	
第9圈	74针	（+12针）
第8圈	62针	
第7圈	62针	（+12针）
第6圈	50针	
第5圈	50针	（+12针）
第4圈	38针	
第3圈	38针	（+12针）
第2圈	26针	（+6针）
第1圈	20针	

提手 原麻色

缝提手位置
缝提手位置
6.5
编织起点
锁针（37针）起针
35

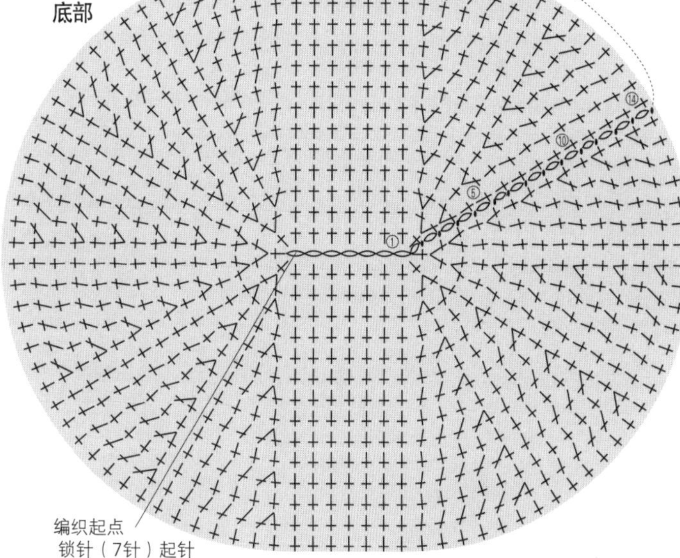

28 套娃收纳盒（作品见 p.40）

材料和工具

套娃收纳盒（大）：
HAMANAKA Comacoma 红色（7）50 g（2 团），黑色（12）45 g（2 团），原麻色（2）25 g（1 团），橙色（8）20 g（1 团）
钩针 8/0 号，黏合剂
套娃收纳盒（小）：
HAMANAKA Comacoma 橙色（8）25 g（1 团），黑色（12）20 g（1 团），原麻色（2）15 g（1 团），红色（7）5 g（1 团）
钩针 8/0 号，黏合剂

成品尺寸

参照图示

编织要领

●钩织各个部件，参照完成图进行组合。

► = 剪线

套娃收纳盒（小）提绳 黑色

套娃收纳盒（小）头部

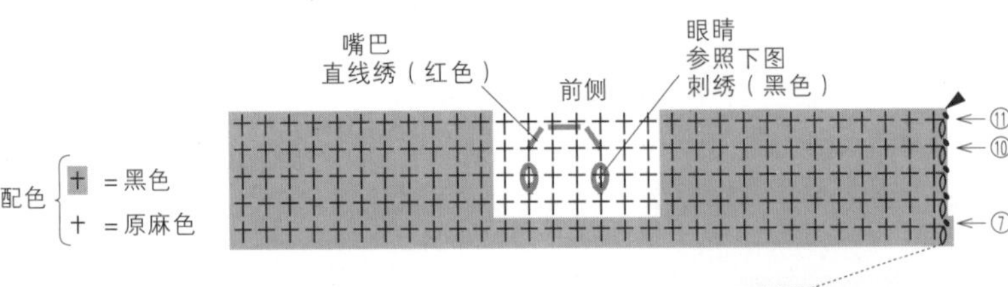

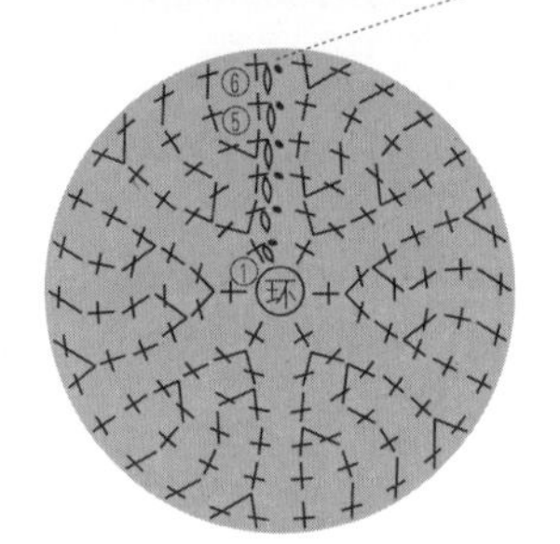

套娃收纳盒（小）
头部的针数表

圈数	针数	
第7～11圈	30针	
第6圈	30针	（+6针）
第5圈	24针	
第4圈	24针	（+6针）
第3圈	18针	（+6针）
第2圈	12针	（+6针）
第1圈	6针	

※在同一圈有配色的情况时，将暂停编织的线包在里面钩织（横向渡线配色编织）

套娃收纳盒（小）（完成图）

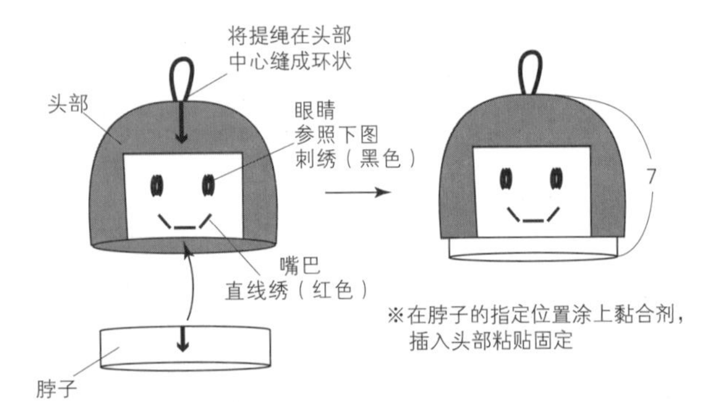

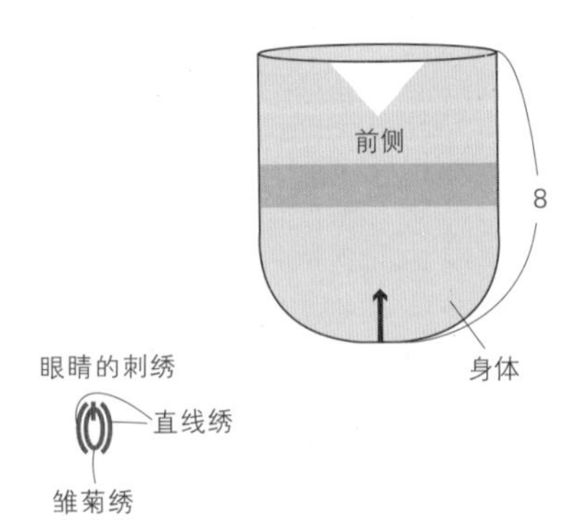

套娃收纳盒（小）脖子 原麻色

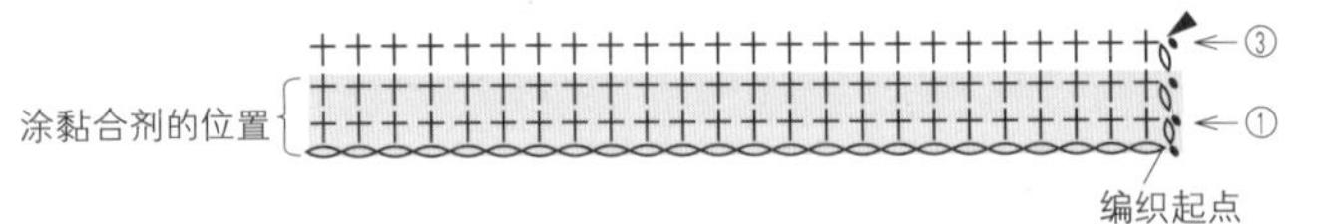

套娃收纳盒（小）身体

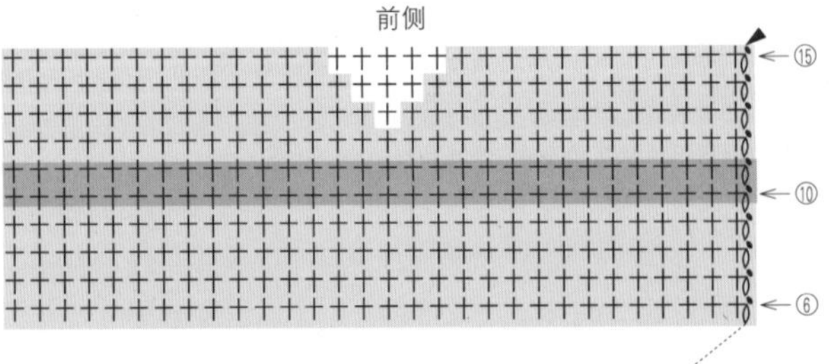

配色：
- = 红色
- = 橙色
- + = 原麻色

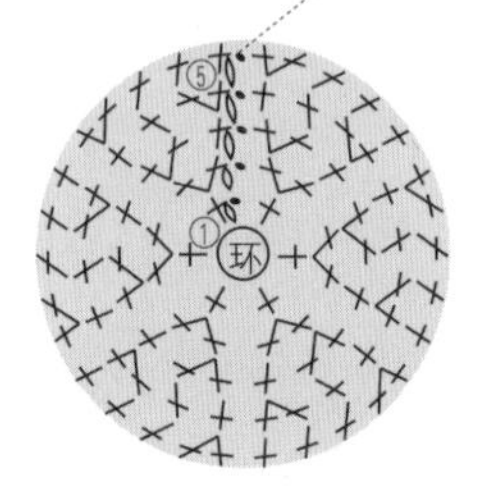

套娃收纳盒（小）
身体的针数表

圈数	针数	
第6～15圈	30针	
第5圈	30针	（+6针）
第4圈	24针	（+6针）
第3圈	18针	（+6针）
第2圈	12针	（+6针）
第1圈	6针	

※在同一圈有配色的情况时，将暂停编织的线包在里面钩织（横向渡线配色编织）

- 环 = 环形起针
- ⬭ = 锁针
- • = 引拔针
- + = 短针
- ⋎ = 1针放2针短针

套娃收纳盒（大）提绳 黑色

套娃收纳盒（大） 头部

▶ ＝剪线

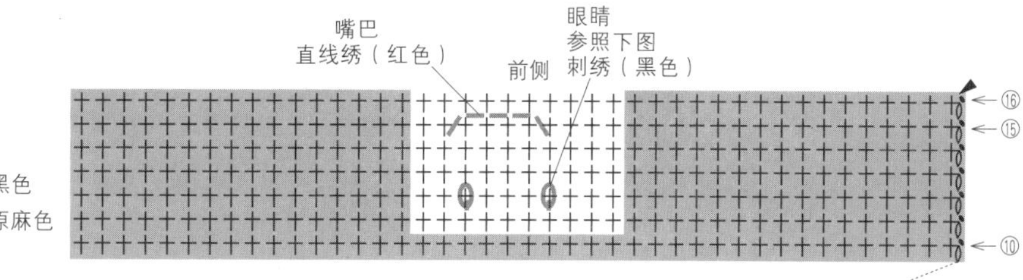

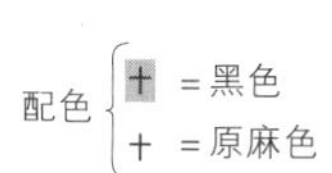

套娃收纳盒（大）
头部的针数表

圈数	针数	
第10～16圈	42针	
第9圈	42针	（＋6针）
第8圈	36针	
第7圈	36针	（＋6针）
第6圈	30针	
第5圈	30针	（＋6针）
第4圈	24针	（＋6针）
第3圈	18针	（＋6针）
第2圈	12针	（＋6针）
第1圈	6针	

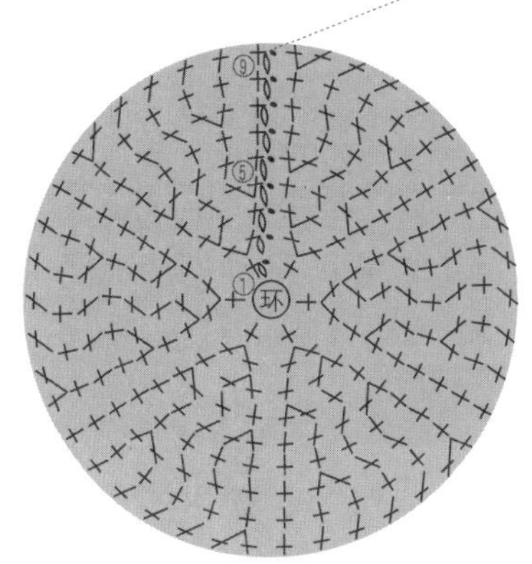

※在同一圈有配色的情况时，将暂停编织的线包在里面钩织
（横向渡线配色编织）

套娃收纳盒（大）

（完成图）

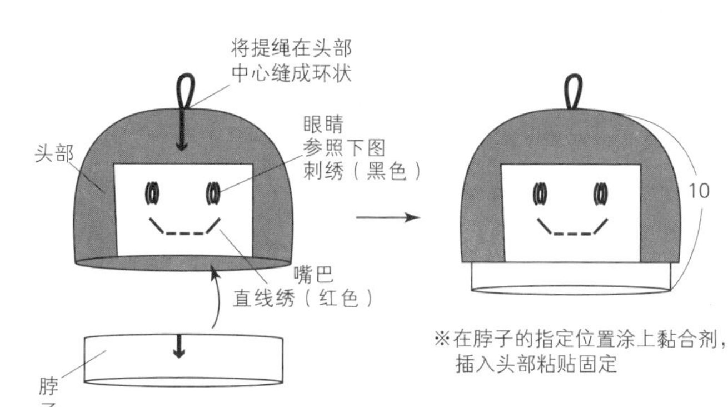

套娃收纳盒（大）脖子 原麻色

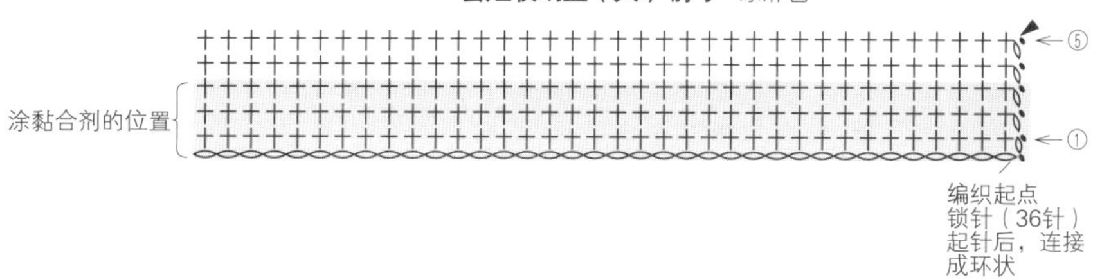

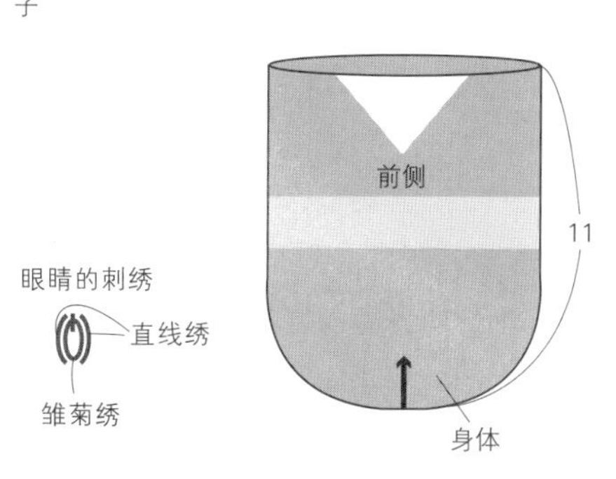

套娃收纳盒（大）身体

前侧

㉒
⑳
⑮
⑩
⑧

配色
＋＝红色
＋＝橙色
＋＝原麻色

套娃收纳盒（大）
身体的针数表

圈数	针数	
第8～22圈	42针	
第7圈	42针	（＋6针）
第6圈	36针	（＋6针）
第5圈	30针	（＋6针）
第4圈	24针	（＋6针）
第3圈	18针	（＋6针）
第2圈	12针	（＋6针）
第1圈	6针	

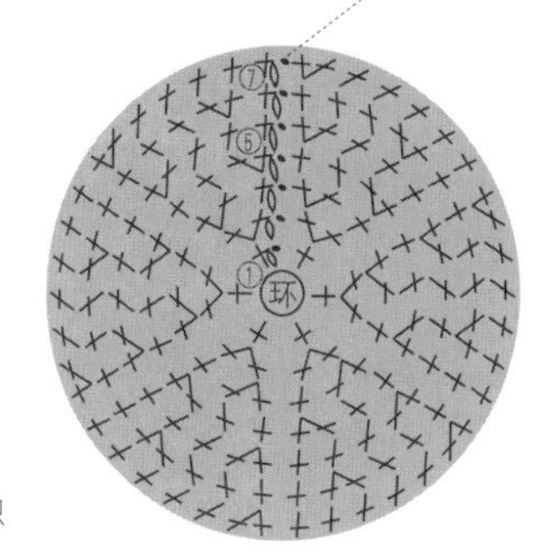

※在同一圈有配色的情况时，将暂停编织的线包在里面钩织
（横向渡线配色编织）

(环) ＝环形起针
⬭ ＝锁针
• ＝引拔针
＋ ＝短针
✓ ＝1针放2针短针

29 非洲女孩口金包（作品见 p.41）

材料和工具

HAMANAKA Comacoma 黑色（12）65 g（2 团），原麻色（2）25 g（1 团），红色（7）5 g（1 团）；宽 14 cm、高 8 cm 的圆形木质口金（INAZUMA / WK-1401 24 号茶色）1 个

钩针 8/0 号，黏合剂

成品尺寸

直径 17 cm（不含木质口金）

编织要领

●脸部（前侧）、脸部（后侧）分别环形起针，参照图解一边加减针一边钩织 10 圈（将织物的反面用作正面）。

●脸部（前侧）在指定位置绣上眼睛，嘴巴钩织引拔针。

●将脸部（前侧）和脸部（后侧）正面朝外对齐，在指定位置钩织 1 行边缘接合。

●参照完成图，在指定位置安装木质口金。

(环) = 环形起针

○ = 锁针

• = 引拔针

+ = 短针

V+ = 1针放2针短针

(+) = 短针的圈圈针

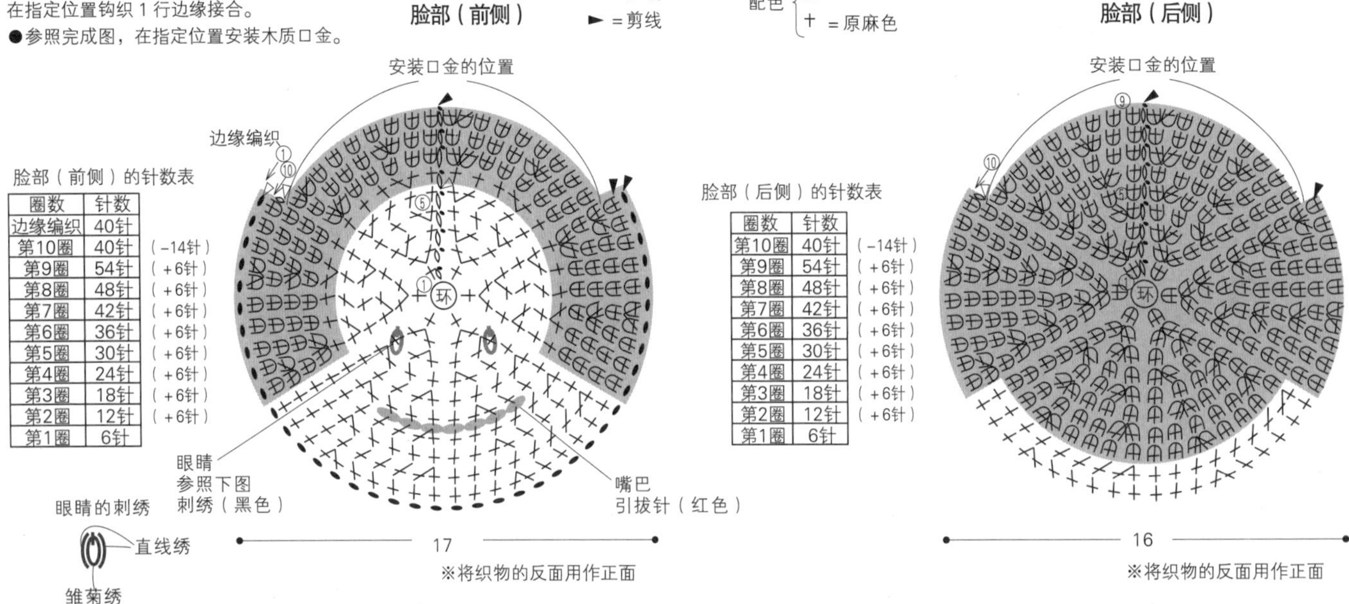

脸部（前侧）的针数表

圈数	针数	
边缘编织	40针	
第10圈	40针	（-14针）
第9圈	54针	（+6针）
第8圈	48针	（+6针）
第7圈	42针	（+6针）
第6圈	36针	（+6针）
第5圈	30针	（+6针）
第4圈	24针	（+6针）
第3圈	18针	（+6针）
第2圈	12针	（+6针）
第1圈	6针	

脸部（后侧）的针数表

圈数	针数	
第10圈	40针	（-14针）
第9圈	54针	（+6针）
第8圈	48针	（+6针）
第7圈	42针	（+6针）
第6圈	36针	（+6针）
第5圈	30针	（+6针）
第4圈	24针	（+6针）
第3圈	18针	（+6针）
第2圈	12针	（+6针）
第1圈	6针	

①脸部（前侧）、脸部（后侧）分别参照图解钩织10圈
　※在同一圈有配色的情况时，将暂停编织的线包在里面钩织（横向渡线配色编织）

②脸部（前侧）在指定位置的正面绣上眼睛，嘴巴钩织引拔针

③将①的2片织物正面朝外对齐，在指定位置钩织1行边缘接合

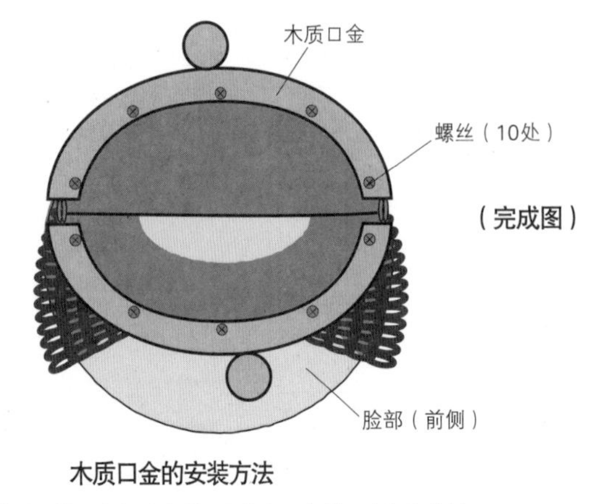

（完成图）

木质口金的安装方法

①在木质口金的凹槽里涂上黏合剂，用力塞入安装口金部分的针目

②拧紧配件中的螺丝

各种各样的提手 （作品见 p.10、11） ※底部和侧面请参照p.27

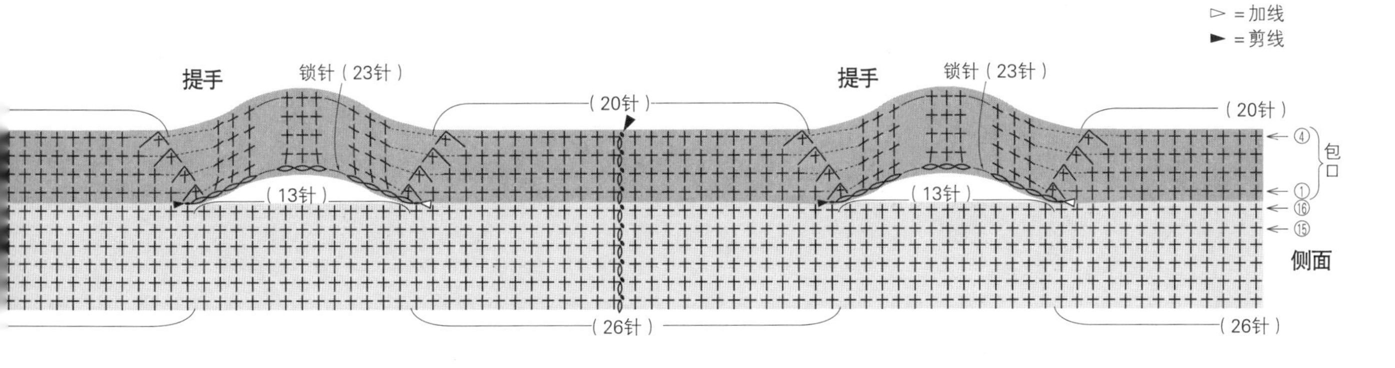

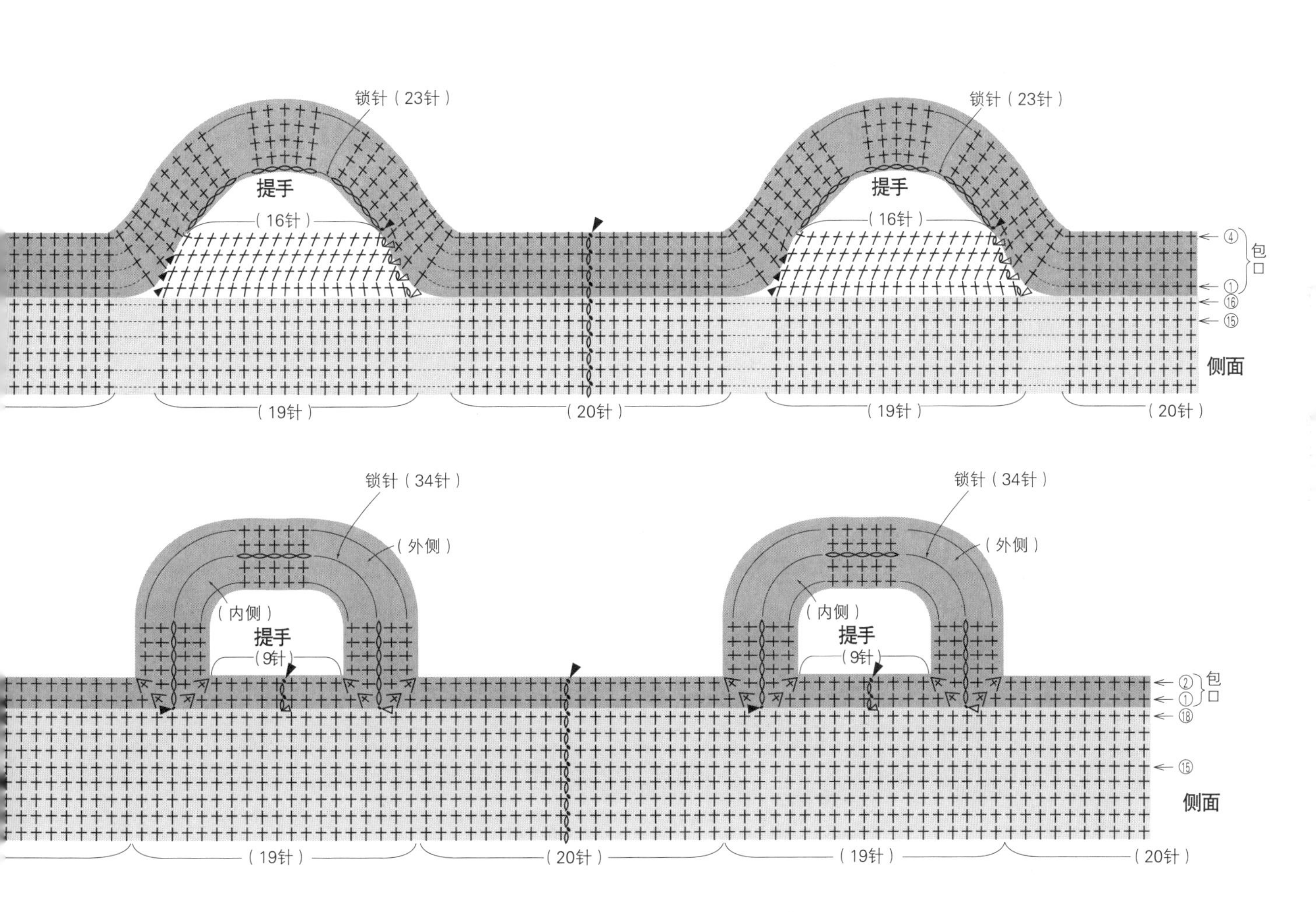

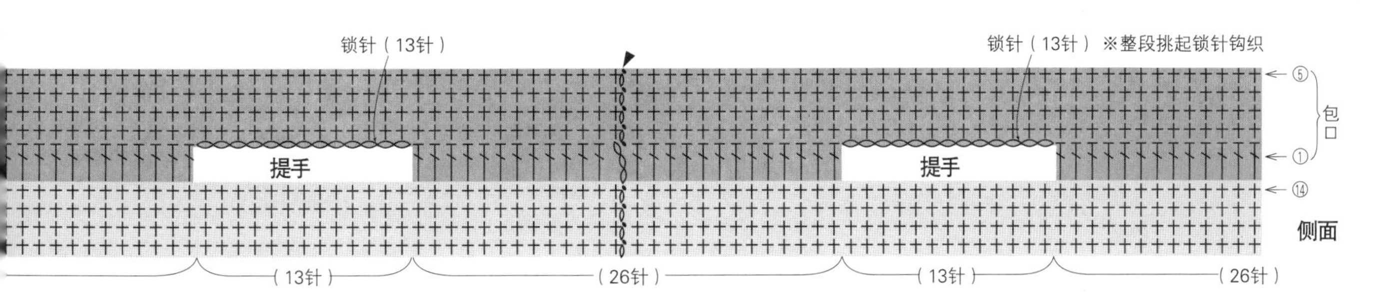

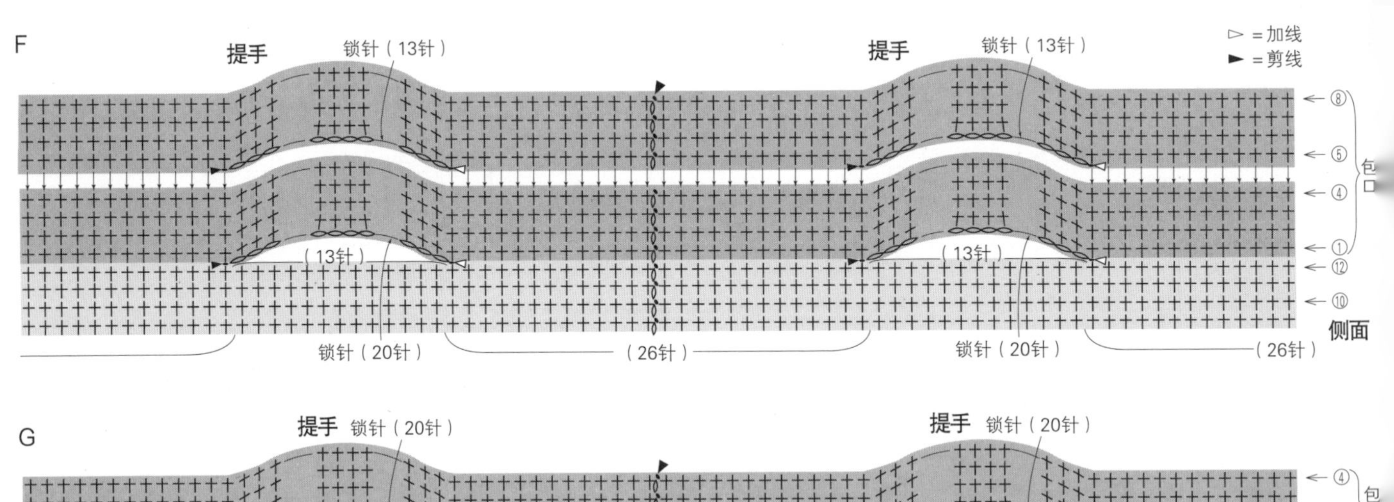
F
提手
锁针（13针）
提手
锁针（13针）
▷ = 加线
► = 剪线
⑧
⑤
④
①
⑫
⑩
包口
（13针）
（13针）
侧面
锁针（20针）
（26针）
锁针（20针）
（26针）

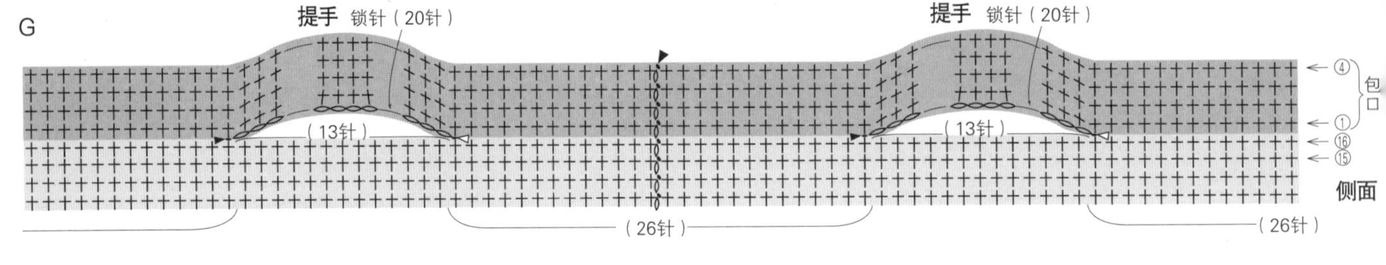
G
提手
锁针（20针）
提手
锁针（20针）
④
①
⑯
⑮
包口
（13针）
（13针）
侧面
（26针）
（26针）

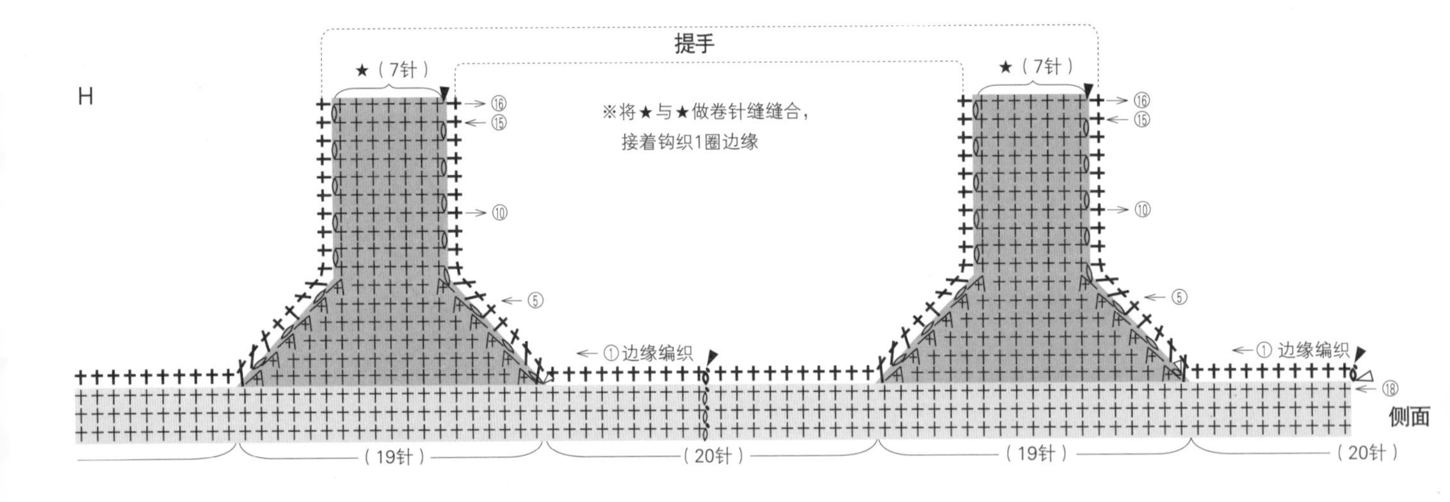
H
提手
★（7针）
★（7针）
⑯
⑮
⑩
⑤
※将★与★做卷针缝缝合，
接着钩织1圈边缘
①边缘编织
①边缘编织
⑱
侧面
（19针）
（20针）
（19针）
（20针）

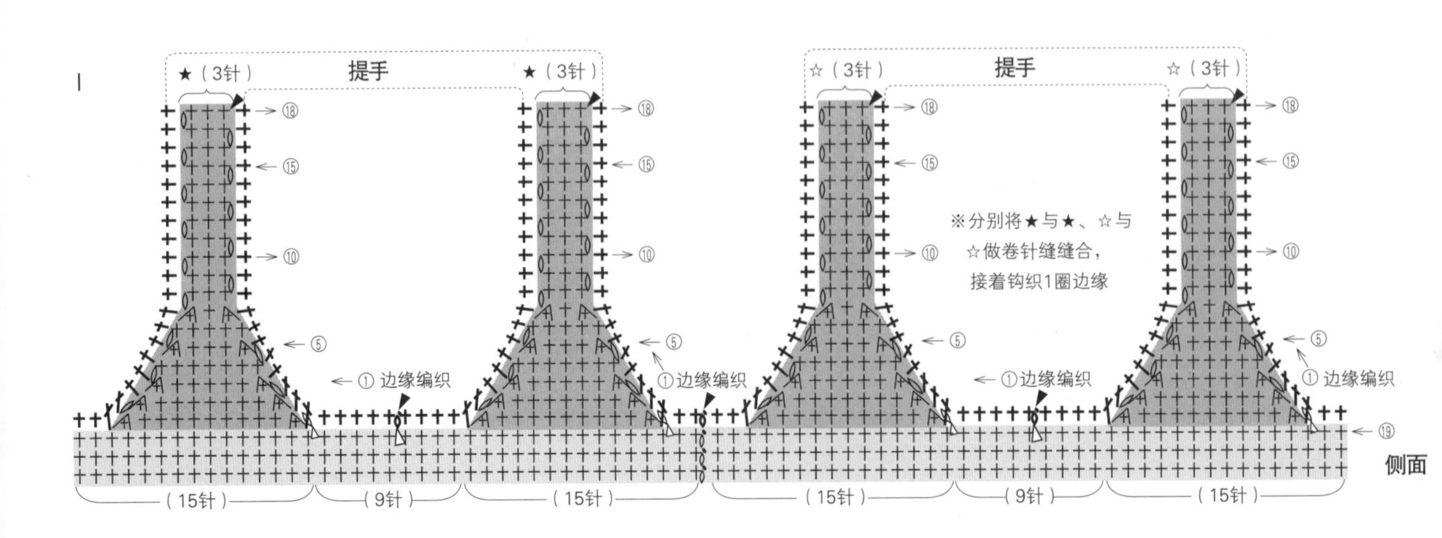
I
★（3针）
提手
★（3针）
☆（3针）
提手
☆（3针）
⑱
⑮
⑩
⑤
※分别将★与★、☆与
☆做卷针缝缝合，
接着钩织1圈边缘
①边缘编织
①边缘编织
①边缘编织
①边缘编织
⑲
侧面
（15针）
（9针）
（15针）
（15针）
（9针）
（15针）

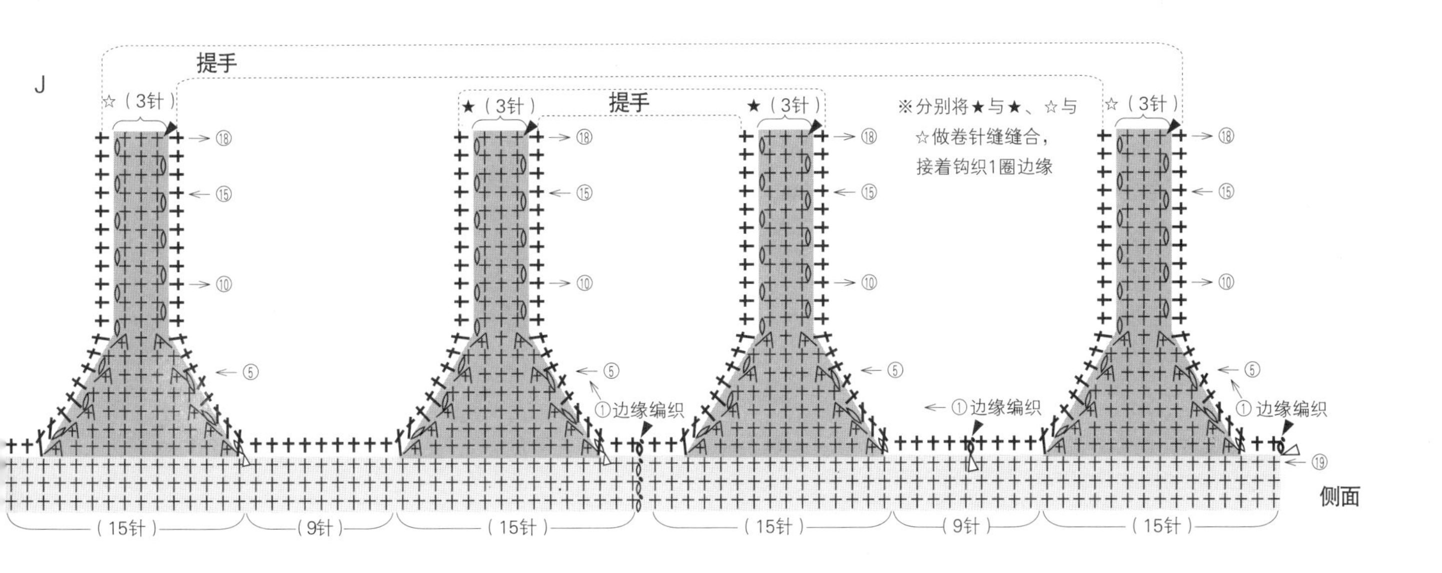
J
提手
☆（3针）
★（3针）
提手
★（3针）
☆（3针）
※分别将★与★、☆与
☆做卷针缝缝合，
接着钩织1圈边缘
⑱
⑮
⑩
⑤
①边缘编织
⑲
侧面
（15针）
（9针）
（15针）
（15针）
（9针）
（15针）

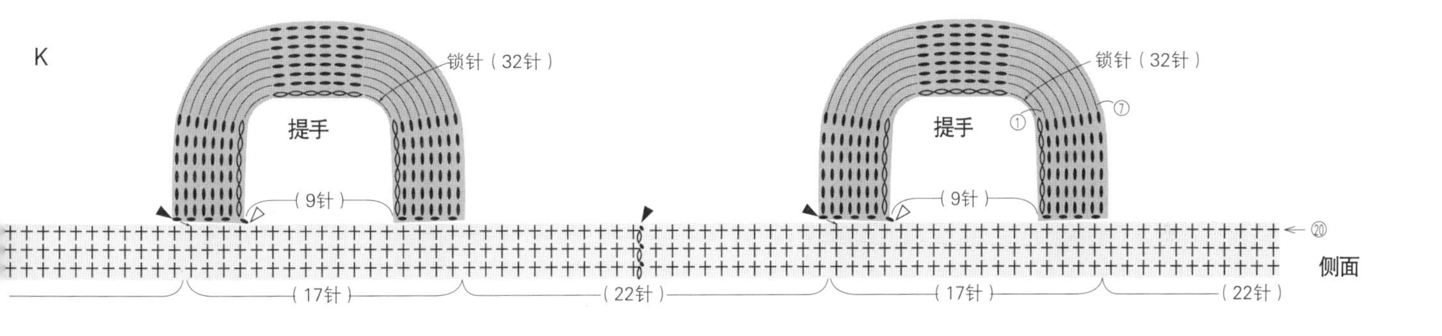
K
锁针（32针）
提手
（9针）
锁针（32针）
⑦
①
提手
（9针）
⑳
侧面
（17针）
（22针）
（17针）
（22针）

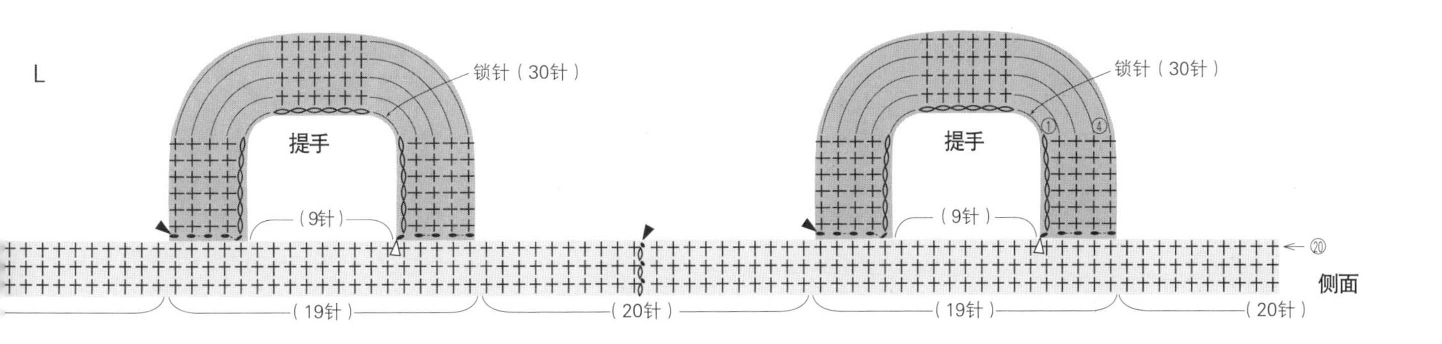
L
锁针（30针）
提手
（9针）
锁针（30针）
①
④
提手
（9针）
⑳
侧面
（19针）
（20针）
（19针）
（20针）

青木惠理子（ERIKO AOKI）

出生于神奈川县。
从服饰类专科学校毕业后，先后在服装企业和杂货店工作，1996年开始成为一名手工艺家。
活跃于多个领域，比如向杂货店出售作品、通过杂志和图书等发表作品、举办个展、开办手作教室等。
优质素材的选择、简单且方便使用的设计、易于完成的作品都赢得了广泛好评。
已出版《麻绳编织的收纳篮和包袋》（日本宝库社）、《用Zpagetti棉线编织的包包和日用小物》（日本文艺社）等多本著作。

图书在版编目（CIP）数据

麻线编织的时尚手提包／（日）青木惠理子著；蒋幼幼译．—郑州：河南科学技术出版社，2021.10

ISBN 978-7-5725-0561-4

Ⅰ.①麻…　Ⅱ.①青…　②蒋…　Ⅲ.①包袋－手工编织－图集　Ⅳ.①TS935.5-64

中国版本图书馆CIP数据核字（2021）第168795号

出版发行：河南科学技术出版社
　　　　　地址：郑州市郑东新区祥盛街27号　　邮编：450016
　　　　　电话：（0371）65737028　　65788613
　　　　　网址：www.hnstp.cn
策划编辑：刘　欣
责任编辑：刘淑文
责任校对：葛鹏程
封面设计：张　伟
责任印制：张艳芳
印　　刷：河南博雅彩印有限公司
经　　销：全国新华书店
开　　本：889 mm×1 194 mm　1/16　　印张：5.5　　字数：130千字
版　　次：2021年10月第1版　　2021年10月第1次印刷
定　　价：49.00元

如发现印、装质量问题，影响阅读，请与出版社联系并调换。